蝙蝠大侠的遗愿
——飞行器99

主　　编　中国科普作家协会少儿专业委员会
执行主编　郑延慧
作　　者　余俊雄
插图作者　刘伟龙

广西科学技术出版社

图书在版编目（CIP）数据

蝙蝠大侠的遗愿：飞行器99/ 余俊雄著. —南宁：广西科学技术出版社，2012.8（2020.6 重印）
（科学系列99丛书）
ISBN 978-7-80619-816-2

Ⅰ. ①蝙… Ⅱ. ①余… Ⅲ. ①飞行器—少年读物
Ⅳ. ① V27-49

中国版本图书馆 CIP 数据核字（2012）第 190600 号

科学系列99丛书
蝙蝠大侠的遗愿
——飞行器99
BIANFU DAXIA DE YIYUAN——FEIXINGQI 99
余俊雄 著

责任编辑	黎志海		**封面设计**	叁壹明道
责任校对	陈业槐		**责任印制**	韦文印

出 版 人	卢培钊
出版发行	广西科学技术出版社
	（南宁市东葛路66号　邮政编码530023）
印　　刷	永清县晔盛亚胶印有限公司
	（永清县工业区大良村西部　邮政编码065600）
开　　本	700mm×950mm　1/16
印　　张	13
字　　数	167千字
版次印次	2020年 6 月第 1 版第 4 次
书　　号	ISBN 978-7-80619-816-2
定　　价	25.80元

本书如有倒装缺页等问题，请与出版社联系调换。

致二十一世纪的主人

钱三强

　　时代的航船已进入 21 世纪，在这时期，对我们中华民族的前途命运，是个关键的历史时期。现在 10 岁左右的少年儿童，到那时就是驾驭航船的主人，他们肩负着特殊的历史使命。为此，我们现在的成年人都应多为他们着想，为把他们造就成 21 世纪的优秀人才多尽一份心，多出一份力。人才成长，除主观因素外，在客观上也需要各种物质的和精神的条件，其中，能否源源不断地为他们提供优质图书，对于少年儿童，在某种意义上说，是一个关键性条件。经验告诉人们，往往一本好书可以造就一个人，而一本坏书则可以毁掉一个人。我几乎天天盼看出版界利用社会主义的出版阵地，为我们 21 世纪的主人多出好书。广西科学技术出版社在这方面做出了令人欣喜的贡献。他们特邀我国科普创作界的一批著名科普作家，编辑出版了大型系列化自然科学普及读物——《少年科学文库》以下简称《文库》。《文库》分"科学知识"、"科技发展史"和"科学文艺"三大类，约计 100 种。《文库》除反映基础学科的知识外，还深入浅出地全面介绍当今世界最新的科学技术成就，充分体现了 20 世纪 90 年代科技发展的前沿水平。现在科普读物已有不少，而《文库》这批读物特具魅力，主要表现在观点新、题材新、角度新和手法新，内容丰富，覆盖面广，插图精美，形式活泼，语言流畅，通俗易懂，富于科学性、可读性、趣味性。因此，说《文库》是开启科技知识宝库的钥匙，缔造 21 世纪人才的摇篮，并不夸张。《文库》将成

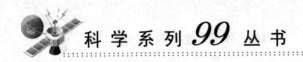

为中国少年朋友增长知识、发展智慧、促进成才的亲密朋友。

亲爱的少年朋友们，当你们走上工作岗位的时候，呈现在你们面前的将是一个繁花似锦的、具有高度文明的时代，也是科学技术高度发达的崭新时代。现代科学技术发展速度之快，规模之大，对人类社会的生产和生活产生影响之深，都是过去无法比拟的。我们的少年朋友，要想胜任驾驭时代航船，就必须从现在起努力学习科学，增长知识，扩大眼界，认识社会和自然发展的客观规律，为建设有中国特色的社会主义而艰苦奋斗。

我真诚地相信，在这方面《少年科学文库》将会对你们提供十分有益的帮助，同时我衷心地希望，你们一定为当好 21 世纪的主人，知难而进，锲而不舍，从书本、从实践吸取现代科学知识的营养，使自己的视野更开阔、思想更活跃、思路更敏捷，更加聪明能干，将来成长为杰出的人才和科学巨匠，为中华民族的科学技术实现划时代的崛起，为中国迈入世界科技先进强国之林而奋斗。

亲爱的少年朋友，祝愿你们奔向 21 世纪的航程充满闪光的成功之标。

写在前面的话

少年朋友都喜欢听故事，这里讲的是航空故事。这 99 个航空故事就像五光十色的光环，将它们连接起来，就成了一条全面展示航空事业面貌的彩练。

从这些故事中，你可以了解到航空事业的发展历史。从最早上天的轻飞行器，到第一架重飞行器的诞生；从早期笨重的螺旋桨活塞式发动机推动的飞机，到现代高速喷气式飞机。在这里，你会看到第一个"飞人"的豪言壮语："不能把荣誉让给囚犯"；你还会看到飞机发明家莱特兄弟如何利用专利权保护自己；你会看到被人讽刺的"半个英雄"怎样用老式飞机在空中翻筋斗；也可以看到一种玩具隐形飞机如何惊动了美国五角大楼，等等。

从这些故事中，你会了解到各种类型航空器的概况。这其中包括轻飞行器的主角气球和飞艇、重飞行器"家族"的各个成员：风筝、滑翔机、双翼机、单翼机、军用机、民航机、直升机，等等。在这里，你会了解到古人怎样幻想让鸡蛋飞上天、"兴登堡"飞艇为何毁之一炬、韩信怎样用风筝打败楚军、滑翔机为什么成了墨索里尼的救命稻草、被人称为"丑小鸭"的双翼机如何飞上了天、什么飞机把原子弹扔到了日本的广岛、被尊称为民航客机的"老寿星"是什么飞机、年过半百的老人何以钟情直升机，等等。

从这些故事中，你还会看到航空器上各种设施的作用。在这里，你会了解到飞机的"黑匣子"怎样为飞行事故作证、天子的草笠怎么会变成现代飞行员的保护伞、救生圈又怎么成了空中旅客的救命星、雷电为

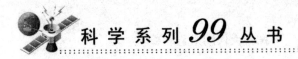

科 学 系 列 **99** 丛 书

何使图－154 客机"致盲"，等等。

从这些故事中，你还会看到航空事业的发展既是科学技术进步的结果，也是古往今来无数先辈努力奋斗的产物。在这里，你会看到"蝙蝠大侠"在试验飞行器的时候受伤，临终时仍不忘推进这一事业的遗言；你会看到中国"飞行大家"冯如血洒珠江的英雄壮举、北极飞行员阿蒙森怎么从"死亡之地"复活、第一架喷气客机设计者如何使坠毁的"彗星号"客机新生、年轻飞行家如何用"三明治"造出能环球飞行的轻型机，等等。

当然，从这些故事中，你还会了解许多知识，诸如飞行器为何能在空中飞、飞行器都有些什么用途、为什么会发生飞行事故以及如何克服事故，等等。

上面说过，少年朋友者喜欢听故事，看了这 99 个航空故事后，大家也许对航空发生了兴趣并热爱上了航空事业。如果这样，就是作者的最大欣慰了。

作者

目　录

科学系列 99 丛书

1　让鸡蛋飞上天

在两千多年前的汉武帝时代，当时的淮南王刘安的门客们编了一本名为《淮南万毕术》的书，书中讲了这样一件事：

将鸡蛋开了一个小口，把蛋里面的蛋汁全部倒出来，然后将艾叶点着后，放入空鸡蛋壳的口中。这时，一阵疾风吹来，鸡蛋壳就会升起来，乘风而飞行。

到了一千年前的宋朝，苏轼编了一本名为《物类相感志》的书，书中也记录了一件"鸡蛋飞上天"的事。也是先把鸡蛋里的汁取出来，然后用纸把蛋壳上的小口糊起来，再将这只空蛋壳放到日光下去曝晒，不一会儿蛋壳会自动升起来，升到离地1～1.3米的高处。

这两本书记的是同一件事，就是利用热气把蛋壳升起来。这可能吗？

为了验证这件事，在19世纪60年代，我国有位物理学家洪震寰认真地研究了以上两本古书，并亲自用鸡蛋去做了试验。试验结果证明，空蛋壳不论用火充满热气，还是用太阳晒来充满热气，都升不上天。

是古人说错了吗？科学家认为，理论并没有错，现代物理学证明，热空气比冷空气密度小，古人期望用热气来浮升物体是很有道理的科学幻想，只是鸡蛋壳的容积太小，容不下足以浮起蛋壳的大量热气而已。

事实上，早在比宋朝还早的五代时代，我国就发明了能飞上天的"鸡蛋"，不过这种能飞的东西不是真鸡蛋，而是热气球。

五代时期有一位名叫莘七娘的女子，她很英勇，曾随她的丈夫去福建打仗。据说，她曾用竹子和纸扎糊了一种大灯，然后在灯下面的盘子

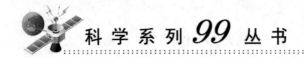

里放上松脂。将松脂点燃后，灯内充满热气，就能将灯升上天。莘七娘曾用这种灯作为军事信号，后来，福建一带的人就将这种松脂灯称作"七娘灯"。

"七娘灯"可以说是世界上最早的轻航空器——热气球。

现代航空器分两大类：一类是轻于空气的航空器，其代表之一就是热气球；另一类是重于空气的航空器，其代表之一就是飞机。人类最早成功地飞上天乘的就是热气球。

说我国是最早的热气球的发明者，除了民间流传的"七娘灯"的故事，还可以从一个法国传教士于1694年写的笔记中找到证据。他在笔记中写道："公元1306年，中国皇帝登基时，曾在北京放气球庆贺。"笔记中还写着："用气球庆贺，本是旧例，但不知起于何时，亦不知气球是否带人飞升？"

从这个记载可以看出，至少我国在元朝时就有了热气球。后来，热气球又从宫廷普及到了民间，成了民间广泛应用的娱乐工具。在我国各地，热气球又有各种不同的名称，如飞灯、天灯、云灯，等等。其中还有一个有趣的名称"孔明灯"。关于这个名称，有人说是因为在灯上糊有圆形的透明纸，点上灯后，显出一个个明亮的孔；也有人说这种灯是三国时的诸葛孔明发明的。孔明被人们称作"智星"，用他的名字命名热气球表明中国人是有智慧的。

2　不能把荣誉让给囚犯

1783年9月19日，法国巴黎凡尔赛宫前的广场上人山人海，著名的科学家富兰克林来了，连国王路易十六和皇后玛丽也来了。这里在干什么呢？原来蒙哥尔费兄弟要在这里进行热气球飞行表演。

广场中央砌着一个大灶台，里面燃着湿稻草和碎羊毛，阵阵浓烟从那里冒出。灶台旁立着两根大木杆。一只装饰得十分华丽的热气球，系在木杆上。气球的球囊口正对着灶台，热气把球囊充得鼓鼓的。在气球下的吊篮里，站着一只小羊、一只公鸡和一只鸭子。

礼炮响了，蒙哥尔费兄弟解开系绳，气球在千百双眼睛的注视下，升起来了，升起来了。一直飞到 500 米高，飞了 10 多分钟，飞到了千米外的森林上空，才慢慢降落下来。

兴奋的人们赶到那里，发现三位"动物飞行员"安然无恙。飞行成功了！

"动物飞行员"的试飞，鼓舞了蒙哥尔费兄弟。他们立刻着手进行载人飞行试验。这个消息传到了国王路易十六耳朵里。他想，这是人类第一次飞向天空，那是十分危险的，叫谁去冒这个险呢？他想来想去，最后宣布：让两个已经判处了死刑的囚犯去试飞。他认为，反正他们是判处了死刑的囚犯，如果试飞失败被摔死，就当做执行了死刑。如果飞行成功，就赦免他们的死刑。

这个消息传出后，人们议论纷纷。有人赞扬国王英明，有人则认为不合适。其中有一位青年人坚决反对，他说："人类第一次升空是非常光荣的，怎么能把这种荣誉让给囚犯呢？"

这位青年人名叫罗泽尔，他决心去做第一名升空的飞行员。他是一位青年学者，还学过一点杂技，是一个名不见经传的普通人。但是一个普通人怎么能向国王陈述自己的志愿呢？罗泽尔多方奔波，终于找到了一个和宫廷有关系的贵族青年达尔朗德，说服了他和自己一起去向国王提出要求，两人共同去做人类第一次飞行。

在达尔朗德的引荐下，罗泽尔真的晋见了国王。罗泽尔向国王说："做第一名飞行员是一种极大的荣誉，囚犯没有资格获得这荣誉。我本人愿意去做人类第一次飞行，即使牺牲，也引以为荣！"国王被他的话所感动，于是改变了自己原来的主意，同意了他的请求。

罗泽尔不愿将飞行的荣誉让给囚犯

1783 年 11 月 21 日，法国巴黎又一次轰动了。这一次人们拥进了郊区的米也特堡广场。人类第一次升空将从这里开始。盛况和两个月前在凡尔赛宫前的广场的情形差不多，不过这一次他们要乘坐的气球更大、更华丽，那是蒙哥尔费兄弟新制成的。飞行十分成功，气球飞到 900 米的高空，足足飞行了 20 分钟，最后平安地降落到一块麦田里。罗泽尔和达尔朗德被称为"第一对飞人"，他们成了风云一时的新闻人物。

遗憾的是，贵族青年达尔朗德由于没有思想准备，只是被动地被罗泽尔拉上了天，达尔朗德后怕了，从此以后再也没有飞行过。罗泽尔倒是血气方刚，以后又多次乘气球上天。但是他也有弱点，蛮干而缺乏科学态度。有一次，他竟别出心裁，做了一次十分遗憾的升空飞行，而葬送了生命。关于他的死，下面我们将详细谈到。

3 天上飞来的"妖怪"

1783年8月27日,法国首都远郊的戈尼泽小村的上空,突然飞来一只大球。这只大球在小村上空突然爆裂,正好降落到小村旁。

这个东西落到地上,发出一股股怪味,把村民们吓坏了。他们认为这是天上降下的"妖怪",就去请司祭降妖。后来有一个胆大的人,对准"妖怪"开了几枪。接着,又有几个人拿着叉子,对着"妖怪"叉了一阵子。最后,又将"妖怪"系在马尾巴上,让马拖走。

这真是"妖怪"吗?不是,原来它也是一种气球。不过,这不是热气球,而是充了氢气的氢气球。

氢气球是继热气球后,产生的第二代轻气球。自从热气球出现后,热气球越来越进步,飞得也越来越高。但是,它也存在着缺点。第一,它需要用火来烧热空气,十分危险;第二,它飞不高,因为高空气温低,被烧热的空气会很快冷却。因此,有人就想找另一种气体来充气球。

这另一种气体当然要比空气轻才行,而且越轻越好。其实,这种气体在250多年前科学家就找到了。一位化学家将铁投入硫酸中,得到一种非常轻的气体,它只有同体积空气的1/15重。1766年,英国化学家卡文迪许将这种气体命名为"氢",并指出这是世界上最轻的元素。不过,当时还没有想到用氢气去充气球。

直到1782年,另一位英国人卡瓦罗首先想到利用氢气制作氢气球。他先用动物膀胱作气囊,充上氢气后,因为太重,没有飞起来。后来又用纸袋制成气囊,又因漏气而未成功。再后来,他又设想像吹肥皂泡那

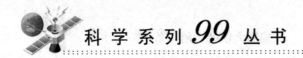
样，将氢气吹进一种薄膜里，但这种薄膜未能找到。

与此同时，法国詹姆士·查理教授也在试制氢气球。他在罗伯特兄弟的帮助下，用橡胶和丝织品制作了一个大球袋。然后用锌片投入稀硫酸中，制造氢气。他用管子把氢气通入球袋中，终于制成了能升起的氢气球。

1783 年 8 月 27 日，查理在法国巴黎一个公园里试飞氢气球。他用掉 325 千克稀硫酸和 500 千克锌，反应产生的氢气，充起了一个直径 3 米的大气球。

查理撒开拉住气球的手，气球升起来了，这就是世界上第一只氢气球。它一直升到 1000 米的高度，然后随风飞行了近 45 分钟，最后飞到巴黎郊区的戈尼泽上空。这就是本文开头时说的那只被农民误以为是从天而降的"妖怪"的氢气球。

这只氢气球爆裂后，因为气囊用的是橡胶，所以发出一股硫磺怪味。难怪村民会把它当做"妖怪"了。为了这件事，当时的法国政府还专门发布了一个"为气球升空告民众书"，书中说："居民看见气球切勿惊慌，气球不仅毫无害处，今后还将造福于民。"

氢气球能不能载人呢？查理教授眼看着罗泽尔和达尔朗德乘热气球上了天，他在罗泽尔上天的 10 天后，就决定步罗泽尔的后尘，乘自己的氢气球上天。他和助手罗伯特坐在氢气球的吊篮里，升到 650 米的高度，飞了两个小时，飞行距离达 43 千米。后来，查理又单人乘氢气球飞了 35 分钟。他下到地面后，高兴地说："当我离开地面时，一种从未有过的欢乐之感油然而生。啊，这就是幸福！"

当然，氢气也不是十全十美，它最大的缺点是不安全，因为氢气是一种可燃气体，遇到火就会燃烧。正因为这样，它常造成严重的事故。在前面那篇文章中介绍的世界上最早的"飞人"罗泽尔，就是乘氢气球失事而牺牲的。

就在罗泽尔第一次乘热气球飞上天的第二年，他又心血来潮，想乘气球去渡英吉利海峡。这一次，他别出心裁，他想，氢气球能升空，热气球也能升空，我将氢气球和热气球拴在一起，乘这种组合式的气球去渡英吉利海峡，不是更有意思吗?！可惜他没有考虑到，氢气是一种极易燃烧的气体，在这次飞行中，由于氢气泄漏，遇上了热气球里的火星，急剧燃烧，气球在空中爆炸，罗泽尔在爆炸中摔了下来，葬身海中。这说明，飞行既要有勇敢的精神，还要有科学的态度。同时也说明，氢气球也不是人类进行空中飞行的理想工具。

4 他见到了"上帝"

20世纪初，世界上曾出现一股乘气球到高空去探险的热潮。但是，气球升到13000米的高度后，再也升不上去了。探险家们向这个高度发起了100多次冲击，都失败了。这是为什么呢？原来这个高度已经到了大气的平流层，那里的空气十分稀薄，氧气缺乏，人在那里会得高空病而死亡。

瑞士探险家奥古斯特·皮卡德认真思考了这个问题。他发现，平流层虽然空气稀薄，但是还可以浮起气球，关键是人受不了。那么，改善人乘坐的气球的环境不就行了吗！

过去，探空者都是坐在敞开的吊篮里，人直接与外界接触，难以适应外界情况的变化。于是，奥古斯特·皮卡德设计了一个密封的球形舱，用它来代替吊篮。他用铝材造了一个篮球式的密封舱，只在舱上方开着一个仅够一人进出的小盖。盖上盖后，里面就和外界隔绝。不管外界环境如何变化，里面仍可保持正常的温度、气压和氧气供应。

1931年5月27日，奥古斯特·皮卡德决定亲自乘坐自己设计制造的、带密封舱的氢气球去冲击平流层。那只氢气球的球囊直径足足有

30 米。气球升起来了，高度不断加大，到达 13000 米，它没有停下。接着又上升，上升，一直升到了 15500 米的高度。皮卡德成功了，"天门"终于打开了。

但是，当时的气球上没有装无线电通信设备，当气球在人们的视线中消失后，就再也没有得到皮卡德的消息了。当空中的皮卡德正在为自己的成功感到高兴时，地上的人们却以为他牺牲了，甚至报纸上也发表了他牺牲的消息。

哪知道，皮卡德根本没有牺牲，他正在万米以上的高空飘浮着，经过 16 个小时的飞行，他从法国飞到了德国，降落在一个偏僻的山区里。

皮卡德生还而且飞行成功的消息，一下子传遍了全世界，祝贺的信件像雪片一样向他飞来。有意思的是，他还收到了一封来自遥远的中国的信，写信的是一个中国小男孩。

那个天真的小男孩在信中问道："你在天空飞得那么高，那你一定见到上帝了吧?"

皮卡德请夫人给这位中国孩子回了一封信，信上很有风趣地回答说："他没有见到上帝，但我们猜想他一定离'上帝'很近了，因而'上帝'保佑了他，使他平安地返回到地面。"

其实，也可以说皮卡德已经见到了"上帝"，那个"上帝"不是虚无缥缈的神灵，而是科学。只有用科学来武装自己去升天，"上帝"才会保佑他，而那些盲目蛮干，不尊重科学的人，"上帝"才不会欢迎他。

5　日本的气球炸弹

德国法西斯在第二次世界大战末期，曾经研制过一种号称"复仇者"的"V-2"飞弹，这就是最早的一种导弹。

日本帝国主义在 1944 年冬，则步德国法西斯的后尘，推出了另一种复仇武器，还把它和"V-2"飞弹并列，命名为"V-3 武器"。并于 1944 年将这种武器对准美国，施行了号称"富"的计划。这到底是什么武器呢？原来是一种气球炸弹。

早在 1848 年，意大利就曾经把炸药挂在气球上，作为攻击性武器。到 19 世纪 30 年代，日本更是将这种武器发展到了顶峰。

日本动员全国的造纸业，赶制一种特殊的树皮纸，以便糊制 15000 个气球。同时，还征用了东京著名的日本大剧院、东京剧场和浅草国际剧场等大型场所，来制造氢气球。为了使气球能准确控制到达目的地，日本陆军第九研究所想出将气压计连接在沙袋上用来控制气球浮升高度的办法。当气球下降时，气压就会升高，这时气压计会通过保险丝自动扔掉沙袋，使气球继续升高。这样反复升降，预计到达美国后，装在气球里的氢气都快泄漏完了，气球就会带着炸弹降落下来，引起爆炸。

这年冬天，北半球中纬度地带有一股高空西风急流，风速是每小时二三百千米，如果从日本将气球放出，气球正好可以借西风，在 60 小时之后，到达美国。

1944 年 11 月 3 日，第一个气球炸弹从日本"发射"基地出发了，在这以后的半年当中，日本共向美国发出 9300 个气球炸弹。这些气球的"下场"如何呢？

1945 年 5 月 5 日，美国西北部俄勒冈州莱县的米契尔神父，带着妻子和 5 个孩子，到郊外的森林里游玩。夫人和孩子们走在前面，突然，一个孩子发现了一只大气球，便跑了过去。走在后面的米契尔神父想起了日本的气球炸弹，大声呼唤："危险！"可是，已经迟了。在一声巨大的爆炸声中，气球夺去了 6 条生命。美国为了牢记这一教训，在这里建立了一座取名为"米契尔"的纪念公园。

日本的"富"号计划花费了上亿日元的昂贵代价，结果却得不偿失。因为放出去的上万只气球炸弹，它们在海面上无控制地随风飞行，结果到达北美洲的只有 285 只，而到达美国的只有 200 只，着陆点当然很分散。而其中真正引起爆炸的只有 28 只，被炸死的只有米契尔一家 6 口人，其余只引起了一点小小的山火。估计其他气球都沉入了大海，或消失在无人的冰原和高山。

气球炸弹的效果虽然不好，但是美国为了对付这种炸弹却费了许多精力。军方出动了 500 架次的战斗机去击落日本气球，但收效甚微；美国还派出伞兵部队，到森林去准备扑灭气球爆炸引起的火灾；美国还分析了日本气球上沙袋中的沙样，断定"发射"气球的基地在日本的仙台县附近，准备派飞机去摧毁基地。

原始的气球炸弹虽然没有起到很大的破坏生命和财产的作用，却在人们的心理上起到了不少的破坏作用，这也许就是美国将气球炸弹受难者的牺牲地，开辟为纪念公园的原因吧！

6 挂着辣椒的飞行

1978 年 8 月 11 日，3 位美国飞行家，乘坐一只大气球，从美国西海岸的缅因州出发，准备飞渡大西洋，去到欧洲。

这是一次充满危险的飞行。一个多世纪以来，许多飞行家都尝试过用气球飞越大西洋，但都失败了。其中 7 人丧失了生命。

这一次飞行的结果将如何呢？请先看看他们的气球。这是一只氦气球。氦气球是继热气球、氢气球之后的第三代轻气球，其中充的是轻于空气又不会燃烧的氦气。这只氦气球的球囊上面为银白色，下面为黑色。这是因为白色在白天可反射掉太阳的强光，以免气球里充填的气体过分膨胀；而在晚上，黑色可吸收地球散发的地热，使它不致因受冷而使气体过分收缩。这只气球借着一股从美洲吹向欧洲的高空气流，随风飘扬。经过六天六夜的飞行，终于成功地降落到法国巴黎西北的小镇上。

这只气球被命名为"双鹰2号"。它的成功决不是偶然的，因为他们请气象部门选择了有利的气象条件，又在气球上装上了无线电信标机，可以从人造卫星、地面无线电站得到可靠的信息。所以说，"双鹰2号"是古老飞行器加上现代科学技术的结晶。

在这3位飞行家中，有一位叫马克西姆·安德森的，他在一年前就曾乘"双鹰1号"做过同样的飞行，但他那次飞行失败了。

这次成功鼓舞了他，1980年，他又决定乘另一只氦气球飞渡北美洲大陆。这次，他决定和他的儿子克里斯钦·安德森一起同行。

这次所用的气球，被命名为"基蒂·霍克"号，这是为了纪念发明第一架飞机的莱特兄弟，因为第一架飞机就是在美国北卡莱纳州的基蒂·霍克海滩飞行成功的。

气球在美国西部的加利福尼亚州海岸的贝克堡金门桥北起飞。有趣的是，在气球的下面竟挂着一串辣椒。原来这是墨西哥族人的传统礼仪，表示祝愿他们一帆风顺的意思。

气球升到3658米的高空，然后借一阵横贯北美大陆的西风向东飞去。空中温度很低，气压也低，但他们呆在封闭的摇篮里，还有一只丙烷加温炉取暖。但即使这样，他们还得戴上氧气面罩和手套工作。

开始时他们还可以在一只小煤油炉上炒鸡蛋吃，但飞到6401米高度后，空气稀薄，氧气不足，连火柴也划不着了，当然也吃不到熟食了。杯子的水面冻结成了冰，得用小刀凿开上面的冰才能喝到水。

艰苦没有难倒他们，四天四夜以后，气球到达美洲东海岸。但由于风向不顺，竟降到了加拿大魁北克省加斯佩半岛的圣费利西提，而且被挂在了一棵大树上。后来加拿大的直升机赶来，鼓起一阵风，才把气球吹离大树，平安降落。

人类第一次乘气球横越大西洋和北美大陆，终于都成功了。其中马

安德林乘着辣椒的氦气球升空，图个吉利

克西姆·安德森是唯一这两次航行都参加了的勇敢者。

7 "齐柏林"飞艇环球游

　　1929年秋天，一个庞然大物从我国东北上空由西向东飞去。这个庞然大物不是什么怪物，是当时红极一时的飞艇。飞艇和气球一样，也是一种轻飞行器，不过它是一种可操纵的气球。

　　这架飞艇是以德国发明家齐柏林名字命名的"齐柏林127号"。这是齐柏林制作的第 127 艘飞艇，不过它正在做破天荒的第一次空中环球游。

这艘飞艇长达 236 米，高 34 米，宽 30.5 米，腹内大得可以装下 4 架波音 747 巨型旅客飞机。它有铝制的空心硬壳，硬壳里有许多小气囊，每个气囊里都充填着氢气。飞艇下方前部是驾驶室，后面是客房、餐厅和小会议室。飞艇上有 39 名乘务人员、20 名乘客。乘客是来自美国、德国、日本、法国、前苏联、西班牙、澳大利亚和瑞士的贵宾和记者。他们是世界第一批空中环球旅行的见证人。

8 月 15 日，飞艇从德国北部胖特烈港出发。预计横跨欧洲、经前苏联西伯利亚飞日本；然后掠过太平洋到美国西海岸；再横跨美洲大陆过大西洋；最后越阿尔卑斯山返回德国。全程约 33632 千米。飞艇巡航速度为每小时 11.3 千米，预计大约需要 20 天的时间。

起飞后 6 小时，飞艇到达柏林上空。地上的人群挥舞彩旗和花束，向飞行人员欢呼。飞到波兰港口但泽上空时，全市教堂钟声齐鸣，表示欢迎；在波兰柯尼斯堡市，全城人大半数走到街头，挥手向飞艇祝福。

然而，当飞艇从东普鲁士、立陶宛飞向欧亚两洲的分界线——乌拉尔山时，旅客们看到地面是另一幕情景。一场森林大火在脚下燃烧，滚滚浓烟布满天空，飞艇上的人只能"望火兴叹"。飞艇匆匆离开火场，向西伯利亚飞去。

3 天后，飞艇到达前苏联鄂霍次克海上的萨哈林岛上空。它经受了寒冷的袭击后，从我国东部飞过，向日本挺进。飞艇在东京降落时，机场上聚集了 4 万多名欢迎的人群，飞艇在此休息了 4 天。

8 月 23 日，飞艇从日本再度起飞，开始横渡太平洋。25 日，飞艇到达旧金山上空。在这里受到了数十架飞机的空中"夹道"欢迎，港口上的船只汽笛长鸣，军舰上响起了一声声礼炮。在横跨美洲大陆时，飞艇遇到了一点麻烦，由于飞艇气囊中充的氢气有些泄漏，而途中又得不到补充，所以一度掉落了高度，以致艇尾擦到了地面，飞艇受了轻伤。但经飞行人员修复后，又继续上路了。在纽约，飞艇受到了不寻常的欢

地上的人都来观看升在空中的"齐柏林"飞艇

迎，市里特地举行了抛彩球的欢迎仪式。

以下的航行进行得十分顺利。飞艇从 9 月 1 日离开纽约，经大西洋，从西班牙进入欧洲上空。接着又飞过法国的波尔多，越过阿尔卑斯山，平安地降落到出发点。

氢气飞艇第一次环球飞行的成功，使飞艇的声誉达到了极点，飞艇一时成了空中舞台的主角。据统计，仅仅在 1929～1937 年的 8 年时间内，"齐柏林"号飞艇就做过 580 次长途飞行，飞行距离累计达 170 万千米，相当于绕地球赤道 50 圈，总共运送了 34000 名乘客。

后来，"齐柏林"这个名字几乎成了飞艇的代名词了。尽管由于现代飞行器的发展，飞艇早已进入历史博物馆了，但人们没有忘记它。直到现在，许多国家还在举行"追忆齐柏林飞艇"的庆祝活动。

8 火烧"兴登堡"

德国飞艇工程师齐柏林发明硬式飞艇后，飞艇事业日新月异。1909年，德国另一名航空工程师埃克尼尔深受鼓舞，参加了齐柏林飞艇公司，后来也成为卓有成就的飞艇制造家。

1931年，他决心设计一艘最大的飞艇，用来建立德国和美国的空中走廊，并且决定用当时的德国总统兴登堡的名字来命名这艘飞艇。1936年，飞艇终于建成。它长245米，高44.8米，最大直径达41.4米，总重量195.15吨，造价高达360万美元。

这艘飞艇里的气囊总体积达20万立方米，可以载重19.06吨。艇内设备豪华，有客房、休息厅、舞厅、走廊等，大小相当于一艘大型轮船的二等客舱。艇上装有4台828.3千瓦的柴油发动机，可以以每小时121千米的速度飞行200小时。这艘飞艇于1936年3月24日首次试航成功，之后多次往返欧洲和美国，大出风头。

想不到一把火，不仅把"兴登堡"烧毁，而且使氢气飞艇这种红极一时的航空器从此在天空消失。

那是1937年5月发生的事。5月3日，"兴登堡"号飞艇开始德国与美国之间的第19次航行。飞艇上共有61名机组人员、36名乘客。飞艇于下午8时15分从法兰克福起飞，预定5月6日早晨6时到达美国新泽西州，在赫斯湖海军机场着陆。但是由于天气不好，直到6日晚上6时才到达赫斯湖上空。眼看就要着陆了，许多人在机场迎接飞艇的到来。

真是应了俗话说的"天有不测风云"那句话，这时地面通知飞艇：

"雷阵雨正好通过机场上空。"因此飞艇未能降落。过了一会儿，天气转好，地面通知飞艇赶快降落。就在这一刹那，飞艇突然起火。接着充满氢气的气囊发生爆炸，人们只见一团火球从天而降。32秒钟后，带着火球的飞艇与地面相撞。

地面迎接的人惊得目瞪口呆，刚才的欢乐一下子变成了悲痛。人们赶快去抢救艇上的人员，但最后还是有36人不幸死去，造成当时航空史上最大的惨剧。

飞艇为什么会突然起火？经分析，是因为刚刚下过雷阵雨，空气潮湿，使飞艇上聚集了大量的电荷，电荷产生了电晕，点燃了气囊上泄漏出来的氢气，于是酿成了大祸。

"兴登堡"号的失事，最根本的原因是气囊里充的是可燃的氢气。这是航空家们从"兴登堡"失事中得出的结论。于是，航空家们转而寻找新的不会燃烧的轻气体去填充气囊。这种气体后来终于被找到了，这就是氦气。氦气比氢气略重，但比空气要轻得多，是空气中除了氢气以外最轻的气体，而且氦气是一种"惰性气体"，不会燃烧，是理想的代

"兴登堡"飞艇着落时突然起火爆炸

替氢气填充气艇中气囊的气体，后来，所有的飞艇都改充氦气，使飞艇进入了新的一代。

9　"蜜蜂6号"三峡"牵线"

通常在两座铁塔之间架设高压线的方法是，在两座铁塔之间，用人工方法拉起两根尼龙绳，再用尼龙绳绑住钢丝绳，用机械方法牵引钢丝绳，最后用钢丝绳绑住导线，把导线牵引到两座铁塔之间。

这种方法在平地是可行的。但是，在地形复杂的山区和河湖上空，用人工放线就十分困难。在长江三峡之一的西陵峡，我国已建起举世闻名的葛洲坝发电站，为了把发出的电力引出去，就要架设高压电线。但这里山峰险峻、沟壑纵横，又有野兽出没，用人工放线十分困难。

面对这种困难，有关方面请北京航空航天大学研制的热气艇帮忙架线。1986年7月，"蜜蜂6号"热气艇来到了架线工地。

热气艇是一种古老的轻飞行器，为了迎接这项特殊的任务，北京航空航天大学的研制人员将热气艇"蜜蜂6号"特地进行了改装。在它的前舱，原有的座椅拆除了，地板上开了一个舱口，舱里装了一个绕有2000米引线的线轱辘，用来放线。放线时操纵电动机往下放线，看起来就像蚕吐丝一样。

7月23日，"蜜蜂6号"在葛洲坝下的河滩起飞，做架线试验飞行。气囊在热空气的填充下鼓起来了，驾驶员打开油门，气艇垂直上升，升到200米高度后，向深山里的铁塔飞去。到了目的地，飞行员看到地面的信号旗，就开始放线。线下拴有沙袋，地面人员抓住沙袋后，飞行员用剪刀剪断绳子，沙袋落到铁塔前，这段线就放成功了。然后，

蜜蜂6号

北京航空航天大学

"蜜蜂6号"热气艇在三峡间帮助架线

气艇又将线拉到另一个铁塔前,准确地投放下去。完成任务后,气艇安全地降落到地面。这次试验共飞行了23分钟。

试飞成功后,"蜜蜂6号"正式进山架线。7月27日,气艇从河滩起飞,准备在48号和49号塔间放线。这段距离是920米,别看路不长,但地形复杂。铁塔位于一座高山与一个湖泊之间,两岸是300米高的陡峭山峰。由于人工放线困难,线挂在铁塔上已经有许多天了。气艇起飞后,越过山脊,穿过云海,终于看到了巨人般的铁塔。气艇按预定计划放下了线,又拉起了线头,飞向另一个铁塔。平时在工人们眼中难以飞渡的陡峰、大湖,气艇一跨而过。第一根线正式放成。

接着又开始了新的任务,这次要穿越三面环树的林区。由于树高,气艇必须从树林之间穿过,稍有差错,树枝就有可能把气艇划破。在飞行员准确的驾驶下,又一次完成了任务。

"蜜蜂6号"在群山之间,往来穿梭。这只"蜜蜂"不是在山间采蜜,而是"牵线搭桥",给人间带来光明。

10　墨子和鲁班比武

在两千多年前的战国时代，北方有一个小国——宋国，出了一位多才多艺的思想家兼科学家，名叫墨翟，大家都叫他墨子。传说他率领300多个弟子，花了3年的时间，用木头和竹片，做了一种会飞的木鸟。木鸟的外形很像老鹰，所以叫木鸢。

在另一个小国——鲁国，也有一个能工巧匠，叫公输般，就是后来人们尊称的鲁班师傅。鲁班手艺高超，能做各种奇妙的木工机械。传说他也用竹、木制作过木鸟，由于这种木鸟外形很像喜鹊，所以叫竹鹊。

当时，南方有一个大国——楚国。楚国国王野心很大，想吞并宋国。他听说鲁班手艺高超，就下命令叫人把鲁班从鲁国请来，为他制造攻城的武器，以便进攻宋国的都城。

墨子知道这消息之后，心里非常焦急。他和鲁班是老相识了，所以决定赶紧动身到楚国去，劝鲁班不要为楚国制造侵略武器。

这件事让楚王知道了，墨子又去劝楚王，楚王听不进墨子的建议，墨子决定用事实来动摇楚王的野心，于是提出和鲁班比武。

开始他们比赛攻城。鲁班拿出攻城的武器模型攻城，而墨子则拿出自己创造的守城武器模型来守城。比赛结果，鲁班攻城失败，墨子守城成功。

楚王还不死心，又叫他们比赛飞行。楚王叫鲁班拿出竹鹊来显示显示，哪知道，墨子也把自己制造的木鸢带来了。于是，各人拿着自己的模型到外面去比赛飞行技术，比赛时，两只竹木制作的鸟儿模型在空中比翼而飞，把看热闹的人都惊呆了。谁知，墨子放出的木鸢比鲁班的竹

墨子的木鸢与鲁班的竹鹊比武

鹊飞得更快、更远、更高，墨子胜利了。通过这场比赛，终于把楚王说服了，打消了进攻宋国的念头。

这是我国古书中记载的一则故事，具体细节未必可信，但从当时生产水平来分析，制作出御风而飞的模型还是有可能的。古书上说："公输子削竹为鹊，成而飞之，三日不下。"这未免有些夸张。但是，如果风力合适，在空中滑翔很长一段时间也是完全可能的。

墨子和鲁班制作的木鸢和竹鹊，是没有动力的航空模型，是一种原始的滑翔机。对于滑翔飞行的原理，我国早在1600年前的晋国就有人给予了科学的解释。

当时有位炼丹家，名叫葛洪。有一年夏天，他带徒弟到山上去采药。这时，一只老鹰正伸展着翅膀在天上盘旋，而且越飞越高。徒弟见了很奇怪，就问师傅："为什么老鹰不扇动翅膀也能往上飞呢？"葛洪想了一下回答说："这是因为老鹰受到罡气支持的缘故。"

罡（gāng）气，用现在的话说，就是上升的气流，也就是往上吹的风。老鹰盘旋是一种滑翔飞行，只要碰到合适的、往上吹的风，它就可以在空中翱翔很长时间，甚至往上飞翔。现代滑翔机的飞行原理就是这样的。

11　稻草人甘拜下风

稻草人是古老的农田守护神,为了保护农作物不受鸟类的侵害,它已经在农田里驻扎了千百年了。它手拿破扇,扇随风而飘动,鸟类见了还真逃之夭夭哩!

但是,在某些地方,由于鸟类多而食物少,或者由于鸟类已经"识破"了稻草人不过是假人,所以稻草人丝毫不起作用。非洲的索马里就出现这样的情况。

索马里是个农业国,我国和索马里合办了一个费农农场,种植水稻,但是稻田里鸟害非常严重。为了驱除害鸟,中索两国的专家想了许多办法,其中当然也有放置稻草人的办法,但是这些办法都不见效。

费农农场有上千公顷稻田,那里的鸟类主要是麻雀。它们常常采用"大部队"联合行动,而且采用"长龙"阵飞行,往往成堆成堆地在稻田里出现,对稻草人这样的静止"敌人",它们是很适应的。加上它们往往集中在远离道路的"腹地",汽车难以靠近,就是人执鞭去驱赶,在100米之外也是无能为力的。

于是人们想到要采用能在空中运动的器械去驱赶麻雀,理想的器械就是航空模型。

用航模飞机驱鸟,最早的试验不在农田,而是在机场。当时是为了驱赶危害飞机安全的鸟类,现在用它去为农田服务,效果如何呢?

任务落在北京航空航天大学航模队身上。航模队选择了两种遥控模型飞机,一种是平直翼的"小鹰-3"型;另一种是带伞翼的"小蜂-3"型。这两种模型飞机的特点是体积大、马力大、噪声大、稳定性好。体

21

积大，为的是易被鸟类发现；马力大和噪声大，为的是惊吓鸟类；而稳定性好，是因为在稻田驱鸟必须在低空追击目标。

1990 年 5 月，航模队到达费农农场。经过试验，发现在 10 米左右的低空，突然袭击目标效果很好。由于害鸟有群集性，一旦模型飞机从低空以巨大的声音接近目标，害鸟就会一哄而散。

但是，驱赶任务并不轻松和顺利。由于地域广，鸟类多，飞机必须机动灵活地跟踪追击，这就为操纵模型飞机带来很大的困难。还有，这里地处热带草原气候的索马里半岛上，有强劲的海风吹过，风力常达 5 级以上，这对模型飞机飞行不利。但是，我国的航模队员有丰富的经验，加上航模飞机的性能优良，所以出色地完成了这次"特别任务"。

经过核算，这次航模驱鸟行动取得了良好的经济效益。如在鸟害严重的地区，未驱鸟前，粮食减产达 40%；而经过航模驱鸟后，每 667 平方米（1 亩）可少损失 50 千克稻谷。1 公顷稻田就可增收 900 元的经济效益，一个航模机组可以管理 100 公顷农田，因此，一个航模机组可以使每季稻增收 90000 元，而一个航模机组的投资仅为 12000 元。这种效果是稻草人根本做不到的，面对航模飞机这现代农田的守护神，稻草人只有甘拜下风了。

12　四面楚歌伴笛声

风筝是人类发明的最早的飞行器之一，它是现代飞机的祖先。相传，西汉大将韩信就是发明者之一。

西汉开国皇帝是汉高祖刘邦，韩信是他手下的干将。楚汉之战时，刘邦把楚霸王项羽的大军围困在垓下，这地方就在今天安徽灵璧县东南。为了瓦解楚军士兵的军心，韩信用绢绸和竹木制成许多风筝，风筝上安上了风笛。当夜深人静之时，韩信组织人将风筝放到楚军的军营上空。风筝上的风笛在风吹动下，发出悦耳的笛声。同时，韩信又命令汉兵在四处唱起楚国的歌曲来，四面楚歌伴着笛声，纷纷传到楚军士兵的耳里，他们听到故乡的歌曲，触发起了思乡情绪，于是士气溃散了，再也不想打仗了。汉军趁机发起攻击，楚军士兵纷纷逃跑，楚军不战而败。汉军乘胜追击，楚霸王项羽走投无路，在安徽和县的乌江上自尽了。

汉朝的韩信用风筝传送歌曲，用心理战术打败了楚军。而唐朝的张伾则用风筝传信，取得了守城的胜利。那是在公元782年，自称为魏王的田悦叛乱朝廷，领兵围攻临洺城。当时守城的将领是张伾，他在四面近敌、孤立无援的情况下，急中生智，想起了风筝。他用纸造了一个大风筝，风筝上捆了一封求援信。他乘风将风筝放到天空中，风筝飞达340米的高空，飞过田悦军营的上空。田悦的士兵发现了，就企图用箭去射下它，可惜因为风筝飞得太高，即使田悦的士兵中有许多神射手，但也力不从心，射不到它。相反，风筝越飞越高，越飞越远，后来终于被张伾的战友马燧得到了。马燧从风筝中发现了求援信，就带领援军赶到临洺，终于把田悦打退了。

中国古代还有许多用风筝载人上天的传说。上面说的"四面楚歌"的故事中，也有说是韩信让身材轻巧的张良坐在风筝上去吹箫的。但根据当时的科学水平分析，那时的风筝还达不到那么大的载重量。不过，设想用风筝帮助人飞行的事还是不少的。

大约公元1500年，我国有个叫万虎的人，制造了一辆火箭车。万虎自己还准备亲自坐这种车上天。那天，他坐在车上，双手各拿着一只风筝。当火箭引发后，车子真升上了天，可惜升到不高处，火箭车就爆炸了，万虎企图用风筝来帮助自己在空中飞行，但是无济于事，最后摔倒在地上，牺牲了。

不过，到了近代，用风筝带人上天却成功了。这事发生在1878年。

成功者是俄国人莫扎伊斯基。他制作了一只大风筝。然后将风筝系在一辆三套马车上。他自己站到风筝上，叫车夫赶着马车在乡村大道上飞跑。马跑得飞快，风筝也乘风而飞上空中。马车跑了好一阵子，风筝带着莫扎伊斯基在空中飞了一阵子。看热闹的人们惊讶极了：风筝上竟然

万虎打算乘火箭和风筝上天

有人，而且是一位老人。

莫扎伊斯基是著名的飞行家，他说："将来的飞行机械好像一个大风筝，它借助于机械的拉力而带着运动。"他的预言很快就实现了，这种机械就是今天的飞机。

13 残酷的"放生"

在历史上，有许多试图学鸟那样飞的人，他们大多以失败而告终，

有的摔伤，有的甚至付出了生命。

然而，在我国历史上，竟有一位侥幸的成功者，但他的成功却是作为一次残酷的刑罚而实现的。

公元550～559年，是北齐的第一个皇帝高洋掌权的时期。高洋是一个十分残暴的国君，他有两个政敌，分别是魏朝统治者的拓跋家族和元氏家族。高洋跟他们势不两立，丝毫不能容忍这两个家族存在，决心把他们一个个杀死。

高洋心狠手辣，但又找不出正当的理由来杀这两个家族的人。于是，他想出了一条毒计。他利用佛教中"放生"的说法，来为他杀人作借口。"放生"本是一种慈善的举动，就是把捉到的禽兽从牢笼中放入深山老林，或将捕到的装在盆罐里的鱼放进江河湖海，让它们回到大自然中去自由自在地生活。

高洋在庆祝佛教授职仪式上宣布，将抓在监牢里的拓跋家族和元氏家族的人"放生"。这看上去是实现大赦，是件好事。可是，高洋的"放生"手段却令人听了十分不安。他让那些被"放生"的人，在手上绑着用竹片和苇子编的席子，当做翅膀。然后叫他们从离地面33米多高的台子上往下飞。

试想一想，一个人手上只绑了些粗劣的席子，怎么能飞得起来呢？这不明明是要他们去死吗？可是，那些被"放生"的人，没有别的选择，只好一个个去送死。据记载，仅在高洋在位的最后一年里，这样死去的人竟达721人。

不过。"老天"有时也会"开恩"，在"放生"的人中有一位竟奇迹般地活下来了，这个人是魏国的一位王子，他是元氏家族中著名的人物。那天，他正好碰到一股上升的气流，竟乘风在空中飞了起来，一直滑翔了近330米远，然后平安地降到了地面。即使如此，高洋对这个侥幸活下来的"政敌"，也并没有宽恕，后来还是将他活活地饿死了。

元氏王子的飞行实际上是一种滑翔。这样飞行的人，在我国古代还有一位，那是在西汉王莽时代。

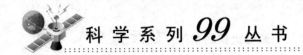

王莽篡夺汉朝的皇位，自己当上了皇帝以后，为了巩固自己的政权，决心发动反击匈奴侵略的战争，以安定北疆。他想，要取得战争的胜利，必须广招各路能人上阵打仗。于是，他发出通令，征集各种"异能士"，就是有特异功能的人。

据说，有数以万计的人前来应招。其中有一个人，他说他会飞，可以飞到天上去侦察匈奴的情况。王莽把他招到首都长安，叫他当众表演。只见他全身系着鸟的羽毛，爬到一个高台子上，然后张开布满羽毛的双臂，从高台子上跳下来。结果，他果真滑翔了几百步远，掉到地上，没有受伤。

这样的滑翔飞行，当然没有什么实用价值，但是王莽为了笼络人心，还是重用了他。

滑翔飞行，是飞行的第一步。到了 19 世纪，滑翔飞行才得以真正成功，而其中最突出的代表人物就是号称"滑翔飞行之父"的德国人李林达尔。

14　"蝙蝠大侠"的遗愿

1861 年一个夏天的夜晚，在德国北部一个靠近波罗的海的小镇安克拉姆，有两个十三四岁的小孩偷偷地从家里跑出来。他们手臂上绑着像翅膀一样的薄木板，木板上沾满了羽毛。他们跑出来干什么呢？

原来他们是出来试验飞行的。他们来到一个阅兵高台上，一面奔跑，一面使劲扇动"翅膀"，试图飞起来。一次、两次……飞行效果并不理想。但是，他们决不灰心。整个夏天，他们几乎天天如此试验，虽然都告失败，但他们立下大志，长大一定要飞起来。

这对小兄弟就是后来被人们尊称为"滑翔飞行之父"的奥托·李林达尔和古斯塔夫·李林达尔。

　　奥托·李林达尔从柏林技术学院毕业后，就开始了真正的飞行活动，在7年中，他共制造了18种型号的滑翔机。他们经过无数次的滑翔试验，从屋顶、从山丘或从土堤，一次又一次地试飞，终于成为有名

"蝙蝠大侠"李林达尔乘滑翔机从高山上飞下来

的滑翔飞行家。

　　他先后创造过20000多次滑翔飞行纪录。他制造的滑翔机，有一副像蝙蝠一样的大翅膀，翼展达到5.5米，因此他被人们誉称为"蝙蝠侠"。1894年，他操纵滑翔机从50米高的山坡上飞下来，竟创造了滑翔1000米的纪录。从此，"蝙蝠侠"的美名传遍了天下。

　　但是，李林达尔并不以此为满足，而是百折不挠地去争取达到新的目标。

　　1896年4月9日，李林达尔又准备做一次新的飞行试验。这次，他驾驶的是一架带有双层机翼的庞大的滑翔机，这架滑翔机架在他身上简直像两座叠起的大山峰，人们称这架滑翔机为"双翼蝙蝠"。

　　这次试飞在德国斯图伦附近的山坡进行。飞行时，由于遇到一股强大而有力的上升气流，于是他凭借风势，一下子腾空到很高的高度。但

是，由于上升的迎风角太大，滑翔机突然失速而往下掉。李林达尔准备采用新的控制方法来挽救这场事故。但是控制失灵，"双翼蝙蝠"带着他猛然头朝下冲，一直往地面栽下去。这一切都发生在一瞬间，转眼，滑翔机已经摔到地下，摔毁了，李林达尔也重重地摔倒在地上，受伤了。

人们赶紧把他救到救护车上，送往医院。原来，他已脊椎骨折，生命垂危。他弟弟古斯塔夫跟在车上，一直守护在他身边。李林达尔深知自己伤势严重，生命难保。但是，他没有为他的事业感到遗憾，在弥留之际，他对弟弟说出了最后一句话："飞行总要有人牺牲的……"这也是"蝙蝠大侠"的遗愿。

李林达尔从14岁开始练习飞行，一直飞行了34年，牺牲时才48岁。他临死前的遗言表达了一个追求飞行理想的人的献身精神，他的死并没有吓倒那些立志为飞行而奋斗的人们，相反，却鼓舞了许多抱定同样理想的奋斗者，并为后来者的成功奠定了基础。就在远离德国的大西洋彼岸，在美国，同样有一对热心飞行的小兄弟，他们就是后来闻名世界的飞机发明家莱特兄弟，他们听到李林达尔牺牲的消息后，不仅没有退却，反而增加了勇气，决心沿着他的飞行道路继续前进。

15　墨索里尼的"救命稻草"

第二次世界大战的末期，由于西西里岛的陷落和意大利政府的垮台，意大利法西斯头子墨索里尼被拘禁在亚平宁山脉主峰蒙特柯诺的一个旅馆里。

德国法西斯头子希特勒知道这个消息后，十分不安，因为如果墨索里尼完蛋的话，整个协约国的联盟就将瓦解，他也就难以自保了。因此，希特勒于1943年6月25日召集部下开会，决定亲自组织援救。

要救墨索里尼，先得寻找他的住地。希特勒卫队党卫军上尉斯科增努担任了侦察任务。他借口为患疟疾的伞兵寻找一所疗养院，终于侦察到墨索里尼确实被关在蒙特柯诺山上，那里距罗马100千米，从山下到旅馆有一条缆车索道相连，而且警戒森严，靠陆路是进不去的。

经过研究，希特勒制定了一个大胆的援救计划，用飞机去救墨索里尼。由于动力飞机的发动机声音大，容易暴露，因此决定采用无动力的滑翔机。

1943年9月12日，援救行动开始。计划是，由斯科增努带领18名突击队员和90名伞兵，分别乘上9架滑翔机。滑翔机先由飞机牵引起飞，1小时后，与飞机脱钩，自行在旅馆附近着陆。然后由伞兵占领缆车，突击队员冲出来解除卫兵武装，从旅馆中救出墨索里尼后，由另外派出的专机把他接走。

那天中午，意大利卫兵吃完午饭后，正在休息。突然，9架滑翔机从天而降。其中5架滑翔机的伞兵占领了缆车，其他滑翔机的突击队员从机上冲出，意大利卫兵来不及寻思发生了什么事，就被突击队员缴了械。

斯科增努踩在一名突击队员的肩上，翻越围墙，走进旅馆。他抬头一看，二楼窗口边上站着一个秃顶老头，那正是墨索里尼。斯科增努将墨索里尼领出旅馆。此时，德国王牌飞行员格努罗克上尉已驾驶一架"怪鸟"式轻型侦察机降落在旅馆前的小场地上。墨索里尼和斯科增努挤到飞机后座，格努罗克开动"怪鸟"发动机驾机向山下滑去，然后侥幸地飞到了罗马。随后，他们又改乘另一架飞机飞往维也纳。后来墨索里尼终于在慕尼黑会见了希特勒。

这次援救虽然冒险成功了，但是墨索里尼最后仍没能逃脱历史的惩罚。1945年4月，在第二次世界大战的尾声中，墨索里尼还是被意大利的游击队抓获，并且被绞死在罗马米兰广场上。由此可见，历史的罪

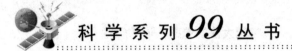

希特勒用无动力滑翔机救出墨索里尼

人虽然一时可以得逞，或者有时可以侥幸得救，但是最终还是不会有好下场的。

这次抢救行动动用了人们意想不到的滑翔机，这倒从反面给航空家一个教训：无动力的滑翔机虽然缺乏动力，而且飞行时间短，受天气影响大，但是它却有隐蔽性好等特长，在特定的场合下，它会有意料之外的作用。

16　巧借风力千里行

你相信吗？一架没有动力的滑翔机，竟能一口气飞行 2025 千米。这是千真万确的事实，创造这个奇迹的是新西兰滑翔飞行家雷·林斯基。而帮助他取得成功的主要因素是气流。

　　100 年前，滑翔飞行之先驱李林达尔创造了滑翔机滑翔 1000 米远的纪录。后来这个纪录不断被打破。到 1939 年，前苏联一位女滑翔家竟滑翔出 749.2 千米远的好战绩，这个纪录保持了 10 多年。到 60 年代中期，才有人突破了 1000 千米大关。

　　滑翔距离还能不能增加呢？要知道当时一口气滑翔 1000 千米的距离，连有动力装备的普通轻型飞机也难以达到啊！可是科学家认为还有潜力，因此，1988 年，在世界著名气象学家和滑翔飞行家乔基姆·科特纳尔的倡议下，国际滑翔科技组织设置了一个直线翱翔 2000 千米奖。

　　翱翔是滑翔机利用上升气流，像雄鹰展翅般平飞或高飞，所以要飞得远就必须研究气象。乔基姆既是滑翔飞行家，又是气象学家，他不仅倡议设奖，而且指出获奖的办法。他认为，在山后背风方向，会产生一种波状气流，利用这种气流，加上优秀的滑翔机和飞行员，可以飞得更远。

　　1990 年 12 月 14 日，新西兰皇家空军技师雷·林斯基决定向 2000 千米的航程挑战。他将翱翔地点选择在他的祖国新西兰，因为新西兰是一个多山岛国，它由南北两个大岛和许多小岛组成。当西风吹起时，这里常会产生一系列互相连接的波状气流。这为长途翱翔创造了有利条件。

　　林斯基驾驶的滑翔机为"宁波斯 2B 型"。这种滑翔机的特点是机身细长，机翼狭长、平伸。他从新西兰的南岛北端伍德博恩基地出发，先向南飞行。

　　这一天早上 4 时半，经过多天热浪袭击的山地，此时风向西转，风速达到每秒 8 米，是滑翔的好机会。6 时正，在飞机牵引下，林斯基驾驶滑翔机飞到空中，1 小时后，他脱开飞机，向南滑翔。此时，波状气流正向南面的"五条河"机库流动。滑翔机乘西风飞到南岛的"五条河"机库，然后又借上升气流掉头向北。这时又碰到顺风，他一直飞过南北岛之间的库克海峡，直达北岛北部的威洛平桥。在这里他又碰到向南气流，于是又掉头向南飞。再一次渡过库克海峡后，仍有波状气流。

滑翔机像雄鹰展翅，借气流飞行万米

于是，他顺利地返回到出发点，成功地完成了他的飞行。此时已经是晚上9时了，总共飞了15个小时。以每小时135千米的速度计，共飞行了2025千米，突破了2000千米的大关。

但是，林斯基并没有获得奖金，因为1988年宣布的2000千米距离奖指的是直线飞行距离，而他飞的是往返航线。尽管如此，林斯基这次无动力飞行，仍被认为是飞行史上的创举。

17 "丑小鸭"飞上了天

安徒生写的《丑小鸭》童话中，讲了一只被人瞧不起的丑小鸭的故事。丑小鸭虽然丑，可是它经过自己的顽强努力，终于飞上了天，变成了一只展翅高飞的天鹅。

　　莱特兄弟发明的世界上第一架飞机，也曾被人们嘲笑为一只"丑小鸭"，但是，它也顽强地奋飞起来了。

　　那是1903年的事。美国莱特兄弟制造了一架"飞行者1号"飞机。为了试飞，他们特地写信去询问气象局，准备寻找一个理想的试飞场地。气象局向他们推荐东海岸北卡罗莱纳州的基蒂·霍克海滩，因为那里人烟稀少，地形开阔，风力平稳。

　　兄弟俩带着飞机和帐篷，在这荒野的沙滩上安营扎寨起来。飞机也装配起来了，它有一对宽大的双翼，样子活像一个躺着的书架。机身后面有一个垂直方向舵，没有水平尾翼。机身前有一对升降舵。这种形状和后来我们常见的飞机不一样。我们常见的飞机，升降舵是在尾翼上的，而这种升降舵在机头的飞机，后来人们称之为"鸭"式飞机。

　　莱特兄弟刚刚开始试飞时，当地也有一些人来观看。可是，当他们瞧见这架飞机以后，就不以为然地纷纷走开了。因为在莱特兄弟之前，已有一些发明家试图发明飞机，但都失败了，现在在他们的眼中，似乎是在说："这样一只大书架也能飞起来吗？这真是一只飞不起来的丑小鸭！"

　　莱特兄弟并没有被人们的冷言冷语所吓退，而是抱定了成功的信心。因为他们总结了前人失败的经验，而在自己的"丑小鸭"上加以改进和完善。

　　在这个时期，由于科学技术的进步，有了先进的发动机——内燃机，加上滑翔机的成熟，飞机的发明已是瓜熟蒂落了。在莱特兄弟之前，俄国的莫扎伊斯基、法国的阿代尔、英国的马克西姆等都造出了飞机。但是，他们都在离成功的"一步之遥"处失败了，主要原因是操纵性能不好。莱特兄弟就特别在这方面下了功夫。他们经过多次试验，找到了一种使机翼扭曲而操纵飞机平衡的方法，而且多次在地面试验成功。现在，"飞行者1号"上就采用了这种操纵方法，并且设置了这样的操纵索。

　　1903年12月17日，试飞开始了。上午10时35分，弟弟奥维尔·

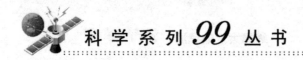
莱特爬进了机身左侧的驾驶位置,俯伏着发动了并列在右侧的发动机。飞机在沙滩上慢慢滑动,然后就像初学飞的鸟儿似的,摇摇摆摆地飞起来了。看,尽管它飞得不平稳,可这架飞机真的飞了起来。第一次,它飞行了 12 秒钟。接着,哥哥威尔伯·莱特代替弟弟去飞,也飞成功了。兄弟俩轮流共飞了 4 次,都成功了。最后一次足足飞了 59 秒钟。总共飞了 99 秒钟,共飞了 441 米远。别小看这不到 100 秒和近 0.5 千米的飞行,这可是人类第一次用动力飞行啊!难怪威尔伯当时激动地说:"飞行时代,终于来临了。"

被人们瞧不起的"丑小鸭"终于飞上了天!

美国莱特兄弟的"丑小鸭"终于飞上了天

18 "凯那特"轰动欧洲

1903 年，美国莱特兄弟飞行成功的消息传到欧洲。对这个消息，许多人都不屑一顾。尤其是法国，因为法国在当时是最早研究飞机的国家之一。1890 年，法国的阿代尔设计过"蝙蝠翼"飞机，后来又出现了杜蒙、法曼、布莱里奥等许多飞行先驱。他们不相信后来者美国人竟会走在自己的前面，因此，有些人把莱特飞行成功的消息贬为"凯那特"，意思就是"马路新闻"，不可信。巧合的是，"凯那特"这个词在法语里，还有"鸭子"的意思，这样，就更把莱特的飞机称为"丑小鸭"来讥笑了。

莱特兄弟面对人们的讥笑，根本不予理睬。1908 年，在飞机经过了长达 5 年的改进和试验之后，莱特兄弟和法国签订了出售飞机的合同，并决定亲自到法国去表演飞行。

1908 年 5 月，威尔伯·莱特携带新型的"飞行者 3 号"飞机到达法国的勒阿弗尔港，接着来到了首都巴黎。

8 月 8 日，表演在巴黎西南的勒芒市赛马场进行。法国的飞行家们带着怀疑的眼光，纷纷前来观看表演。他们看到"飞行者 3 号"不仅是一副又笨又蠢的样子，与法国当时设计的几种飞机样子大不相同，而且由于这架飞机使用的还是落后的滑橇式的起落架，所以必须安置长长的滑道。为了加速滑行速度，在滑道末端支起了一个高高的"人"字架，一根绳子一头系在飞机上，另一头绑了个重锤，支在"人"字架顶的滑轮上。法国行家们看到这种情形，纷纷议论：飞机不撞到"人"字架翻倒才怪哩！

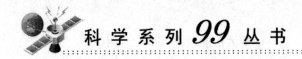

威尔伯·莱特并不理会人们的怀疑，而是沉着地走到驾驶座前，专心致志地坐下，握住驾驶杆。8点25分，他拉着闸柄，飞机脱下固定钩，在重锤的作用下，飞机加速滑行，滑到"人"字架前，飞机平稳地离开滑道，跃入空中。

有人不相信自己的眼睛：这家伙真的飞了起来。忽然，前面有一棵树，眼看就要撞在树上，威尔伯·莱特操纵飞机，来了一个左转弯，避开了树。接着，他又在空中左旋右转，飞了一个漂亮的"8"字形，然后稳稳地降落到赛马场的中央。总共飞行了1分45秒钟，飞行距离为66.6千米，飞行高度为10米。

人们信服了，连那些专门研究飞行的行家也被征服了。他们赞叹说："莱特兄弟是天空的征服者，与他们相比，我们简直是和孩童一样。"

为了纪念这次表演，法国人于1920年7月20日，在勒芒市查可潘广场竖起了一座威尔伯·莱特纪念碑，碑高10米，正是那次飞行的高度。碑上立着一个男子双手拥抱天空的形象，象征人类征服天空的壮举。

威尔伯·莱特的这次表演，轰动了法国，震动了欧洲，为畏缩不前的欧洲航空事业，带来了一股春风，促进了整个欧洲，乃至于世界航空事业的突飞猛进。这次表演，也用事实打消了那些保守的、陈旧的思想。"凯那特"不再是马路新闻，而是亲眼看到的事实；莱特的飞机也不再是"丑小鸭"，而是漂亮的"天鹅"。

19 是"上帝"不叫他飞吗

1896 年，美国同西班牙的战争迫在眉睫，当时的美国海军部长助理了解到在美国的内战中，气球曾起了巨大作用，就建议在对西班牙的战争中，使用一种新型空中飞行器。

美国政府同意这个意见，并拨款 5 万美元，委托兰利来造一架可载一个人的军用飞机。为什么选中兰利呢？因为兰利在当时可是一位很有贡献的科学家。他 30 岁任物理学和天文学教授，从 55 岁开始研制飞机。到 1893 年，他已研制飞机 7 年了，制造了多架飞机模型。他又有很高的理论水平和实验条件，因为他当时任斯密桑宁研究院的院长。

兰利接受任务后，就着手制造能载人的飞机。他请助手曼雷制造了一种先进的汽油发动机，功率为 38.51 千瓦。

接着，他又用钢材做机体骨架造出了飞机。这架飞机前后各有一对矩形机翼，发动机装在前后翼之间。机翼面积共有 96 平方米，机长 16 米，重 331 千克。它被命名为"空中行驶者"。

1903 年 10 月 7 日，兰利准备对"空中行驶者"进行试飞。试飞在波托马克河上进行。兰利设计的飞机不是自己起飞，而是在一艘篷船上装了一架弹射车，飞机则装在弹射车上，利用弹射装置将飞机弹射入空中。这时的兰利已经 69 岁了，驾驶员只好由助手曼雷担任。

但是，当弹射车将飞机弹出去后，飞机没有飞行就一头栽进了河里。兰利派人将飞机捞出修复后，于当年 12 月 9 日又试飞了一次，这次得到同样下场。更惨的是，这次飞机似乎已经摔得不能再修复了。以后，美国政府不再拨款了，兰利也老了。兰利研制的飞机就这样夭

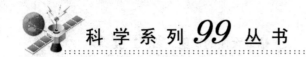

折了。

兰利失败的消息传出后，美国的报纸都讥笑他是"傻子"。更为可悲的是，教会的牧师更趁机说兰利的发明是亵渎了上帝："如果上帝的意思是叫人飞的，早就会替人生出两只翅膀了。"

真是"上帝"不让他飞吗？不。兰利失败的原因是他工作的"不彻底性"。成功其实只差一步，如果继续努力，胜利的果实即可获得。

人们总结了兰利失败的具体原因，主要有三条：一是起飞方式不对，装在弹射车上的弹射绳绞住了机身，是使飞机掉下来的直接原因。二是缺乏飞行训练，他人老了，不能亲自飞。让别人飞，自己爱莫能助。三是操纵性不好，是最重要的原因。

兰利当时也明白了这些原因，但是人老力不从心，加上政府不再支持，更大的打击是受到一些无知者的讥讽，使他失去继续去完成自己事业的信心和勇气。1906 年他便郁郁去世了。后来，人们甚至把它的那架命名为"空中行驶者"的飞机改称为"航空站"，意思是它只能"站着"，而不配称作"空中行驶者"。

20　专利权保护了莱特兄弟

飞机到底是谁发明的？这个问题在历史上有过多次争论。前苏联、法国和英国等，都声称制造过世界最早的飞机。但是，这些飞机都未飞成功。而世界公认第一架飞机是美国莱特兄弟于 1903 年 12 月 17 日飞行成功的。

不过，公认和法律承认是两码事。莱特兄弟为争取飞机的发明权，打过一场历时 28 年之久的官司。官司的另一方是另一位美国人：寇蒂斯。他也是一位研制飞机的科学家。

1898 年，美国政府拨款 5 万美元，叫著名科学家兰利研制军用飞机。经过 5 年努力，兰利于 1903 年初造出了一种"空中行驶者"号飞机。可惜的是，当年 10 月 7 日试飞时，这架飞机因为稳定性和操纵性不好，试飞没有成功。这件事在上一篇文章中已详细介绍。

莱特兄弟在研制飞机时，总结了别人失败的经验，找到一种操纵飞机平衡的方法。1903 年 5 月，他们将这种方法向一些国家申请了专利。1903 年 12 月 17 日，莱特兄弟用这种方法试飞成功了"飞行者 1 号"飞机。1904 年和 1905 年，英国、法国和美国分别批准了这项专利。

1908 年，美国飞行家寇蒂斯在飞机机翼上加了两个小翼，使飞机得以操纵平衡。莱特兄弟认为这项发明和他申请的专利相同，于是控告寇蒂斯侵犯了自己的专利发明权。1914 年，美国联邦高等法院判定莱特兄弟胜诉。

寇蒂斯败诉后，心怀不满，想出一个歪主意。他想，兰利的"空中行驶者"号飞机试飞时间是在莱特的"飞行者 1 号"之前，如果对兰利的飞机重新试飞，能飞成功，就可证明第一架飞机的发明者不是莱特，这样就谈不上自己侵犯了他的专利。

寇蒂斯打好如意算盘之后，就去找斯密桑宁研究院的院长沃尔科特，因为兰利是这个研究院的前任院长，但兰利已于 1906 年去世。沃尔科特院长为了维护兰利和研究院的名声，就同意按寇蒂斯的想法去做。

寇蒂斯对"空中行驶者"号飞机进行一番改造后，果真试飞成功。沃尔科特于是利用他是研究院院长的职权发表声明，宣布"空中行驶者"号是最早的飞机。莱特兄弟马上提出抗议，揭发寇蒂斯把"空中行驶者"号改得面目全非，有多处都是按照他俩研制的"飞行者 1 号"改进的。

但是，莱特兄弟没有权，抗议没人理睬。正在他们走投无路时，接到英国伦敦博物馆的邀请，请他们把"飞行者 1 号"飞机送到英国去展览和收藏。莱特想到，他们曾得到英国的专利，就于 1923 年把飞机运到了英国。这下子惊动了美国。许多美国人认为，把本国的发明放到别国去保存，这是美国的耻辱。正好，这时沃尔科特也下台了，斯密桑宁研究院新院长艾博特找到莱特，请他们把飞机运回来。莱特坚持，必须纠正该院以前声明的错误。这个要求经过长达 16 年的争取，直到 1942 年才得以实现。艾博特公开发表声明，向莱特兄弟道歉，并宣布把举世公认的第一架飞机"飞行者 1 号"运回美国来，陈列在国家博物馆最荣誉的位置。

莱特兄弟终于打赢了这场官司，争取到了飞机的发明权。在这场官司中，莱特兄弟运用了一种有力的"武器"来保护自己的发明，这就是专利权。

21　英雄血洒珠江畔

20 世纪初，是中国受尽屈辱的年代。1900 年，八国联军进犯中国。1901 年，清政府卖国投降，与日、俄等十国签订《辛丑条约》，使中国沦为半殖民地半封建的社会。接着日、俄又发生了争夺我国东北的争斗。中国处在亡国的边缘。

这时，飞机发明了。1906 年，一位名叫冯如的 23 岁华侨青年从美国纽约学习工程技术后回到旧金山，准备独自从事航空工程的研究。他对徒弟说："日俄战争对中国非常不利。我看在这列强争夺的时候，飞机是军事上所必不可少的。如果我们有成千上万架飞机分守中国沿海港口，就足以防御列强的侵略了。"

于是，他下定决心，自己制造和驾驶飞机，以报效祖国。他发誓，不达目的，宁可死去。在美国的华侨，听到他的豪言壮语，纷纷资助他。1907年，他在美国的奥克兰建立了飞机制造厂，第二年就造出了飞机。

但是，由于经验不足，开始造出的两架飞机试飞都没有成功。这时，有一些资助他的华侨动摇了，他的父母也劝他打退堂鼓。但是，冯如毫不灰心，接着又造出了第三架飞机。

有志者事竟成。第三架飞机终于试飞成功了。那是1910年7月的事。这架飞机的结构受美国"寇蒂斯A"型飞机的启发，是一架双翼机，机翼全长为10.93米，机身长为9.45米，机高为2.30米，总重为376千克左右。主要材料是木材、钢管、绸布。它的发动机约有58.8

我国冯如制造的飞机飞上蓝天

千瓦，飞行速度达每小时76千米。

冯如飞机试飞成功的消息，不仅鼓舞了在美国的侨胞，也传到了中国。当时的中国，正处在革命的风潮中。1905年，孙中山建立了第一个资产阶级政党——"中国同盟会"。1910年，孙中山到美国进行革命串联，他亲眼看到冯如的飞行表演，赞扬道："吾国大有人在！"

接着，冯如又参加了在旧金山举行的国际飞行比赛。他获得了出色的成绩：飞行高达 210 米，速度达每小时 105 千米，飞行距离达 32 千米。为此，国际飞行协会发给他优等证书。美国人想用重金把他留在美国，叫他在美国传授飞行技术。但是，他的心却向着祖国！

1911 年，辛亥革命爆发了，冯如毫不犹豫地带着自己的飞机，回到广州，投身到革命的洪流中。他在广州建立了飞机制造厂，又先后在广州和香港进行了飞行表演，这大大鼓舞了民众的革命斗志。

1912 年 8 月 25 日，冯如决定再一次为群众进行飞行表演。表演在珠江畔的燕塘进行。那一天是星期日，前来观看的人人山人海。当冯如驾着自己的飞机从观众头上飞过时，人们高兴得手舞足蹈。可惜的是，当冯如企图推动操纵杆飞得更高时，没想到由于机件生锈发生故障，飞机突然失去控制，不幸坠落下来。

冯如受了重伤，人们赶紧把他送到医院，但终因伤势太重和医疗条件的落后而逝世。冯如在临终时，仍不忘振兴祖国的航空事业，他对徒弟说："我死后，你们不要因为我的失事而丧失进取之心，要知道，飞行中的牺牲是难免的。"他的英雄气概可以和"滑翔飞行之父"李林达尔比美！

22 尽匹"妇"之责

在中国航空史上，有两位早期的著名飞行家，他们恰巧又是同乡，都是广东恩平人。这两人一位就是冯如，另一位是女飞行家张瑞芬。

1921 年，在"五四运动"的影响下，张瑞芬随父亲远渡重洋来到美国，寻求救国之路。她开始在南加州大学学钢琴，有一次，她看到飞机在学校附近的天空飞翔，萌发了学开飞机的愿望。

1929 年的一天，她看到报上有一段新闻，标题是《女子难为飞将军》。她愤愤不平地对同学说："莫谓闺中无杰出，一直飞上九重天。"意思是，不要小看女子，其中一定有杰出的人才，可以飞上蓝天。她心想，自己就要当这样的人才。

有一天，她和父亲出去散步，此时，机场上传来一阵阵飞机发动机的隆隆声，于是，她拉住父亲的手，说："爸爸，我想学开飞机，你同意吗？"

父亲反问她："开飞机很危险，你不怕吗？"

"只要你答应，我什么都不怕。"张瑞芬坚定地回答。父亲终于同意了。

1931 年，她又说服了母亲和新婚的丈夫，进到了洛杉矶林肯航空学校，这年她 27 岁。

洛杉矶林肯航空学校有七八十个学生，但只有她一个女生，经过近一年的理论学习，该实际飞行了。面对飞机，她心情十分激动，又有些紧张。激动的是，她多年的飞行愿望就要实现了；紧张的是，这毕竟是第一次试飞。

她镇静地坐到驾驶室里，后座上坐着 6 名见习学员。她想，这次试飞，不只是关系到自己的事业，还关系到 6 名同伴的安全。她在心中暗暗地喝令自己：张瑞芬呀，你要为中华女子争气啊！

就这样，她果断地启动发动机，飞机徐徐升起来，然后就飞入了碧蓝的天空。开始，由于紧张，飞机有一点摇摆，但很快，她心里就镇静下来了，飞机恢复了平稳，然后完美地降落到了地面。她终于成功了，取得了美国飞行执照。她是第一位取得美国飞行执照的中国女子。

张瑞芬取得飞行执照的消息，传遍了美国，报纸上大登特登她的照片。这个事实，打破了部分人认为的中国女子身体柔弱，绝不宜于学习航空的偏见。

她的成功也影响了她的全家。有一天，从不敢想能上天飞的母亲，竟提出要坐她的飞机飞行。张瑞芬自豪地把母亲请进飞机，然后开着飞机在天空飞了一圈，又平安地返回到地面。母亲走下飞机时，还高兴地与女儿在飞机旁照了相。

1937 年，日本帝国主义发动侵华战争。张瑞芬决心回国参加抗日斗争。她说，我要返回祖国，效力疆场，以尽匹"妇"之责。常言说天下兴亡，匹夫有责。她竟大胆地将"妇"与"夫"并列，真为妇女争了一口气。她不辞辛劳，在美国各个城市表演飞行，筹集了 7000 多美元，买到一架"莱恩 S.T"飞机，准备飞回中国。可惜的是，由于中国政局动荡不安，未能实现飞回祖国的夙愿。

23　逗鸟玩的人

1908 年一个寒冷的早晨，在法国巴黎西南郊的原野上，站着许多看热闹的人。原来，法国航空先驱法曼今天要驾驶自己制造的飞机做飞行表演。虽然美国莱特兄弟 1903 年就发明了飞机，但是传到欧洲已经晚了好些年，对巴黎人来说，这仍然是不可思议的事。

在观看的人中，有一位青年学者，他叫冯·卡门，正在巴黎大学从事研究工作。他身旁站着一位女士，她是一位匈牙利记者。天很冷，他们有点坚持不住了。但是，法曼驾驶的飞机从前方的田野飞过来了，欢呼声早已驱赶了寒冷，他们向飞机跑去。

飞机从人们头上飞过去，到达身后不远处，又折了回来，穿过两根标杆之间，慢慢地降落到了地面。

"多么伟大呀！"女士对冯·卡门说。

冯·卡门却故意说："是很了不起，但是，我还是觉得这是不可能的。"

　　女记者有些生气地拉着冯·卡门来到法曼身边，对法曼说："这是冯·卡门教授，他到现在还不相信飞机能飞起来。"

　　法曼将手伸给教授，友善地说："你以为我刚才的飞行只是一种幻术吗？"

　　教授幽默地说："叫我怎么说呢，先生？因为有一位伟大的科学家用他的定律证明了比空气重的东西是绝对飞不起来的。"

　　"是那个研究苹果落地的人吗？"法曼也打趣地问道，"幸好我没读过他的书，不然我就得不到这次飞行奖了。我是飞行员，至于飞机为什么会飞起来，应当是你研究的事。"

　　在回去的路上，冯·卡门在车上久久地沉思着，女记者问他在想什么？他抓住记者的手，一起伸出窗外，一股风吹在他们手上，他激动地说："我要不惜一切代价去研究风以及在风中飞行的全部奥秘。总有一天我会向法曼讲清楚飞机为什么能飞上天的道理。"

　　有时一件事会影响人的一生，上面这次参观飞行就是冯·卡门事业的转折点，这对他以后从事航空、航天空气动力学的研究起了巨大的激励作用。

　　为了观察空气动力学中的飞机失速现象，冯·卡门经常到大自然里去逗鸟玩。他拿着面包来到康斯坦茨湖畔，引海鸥来吃食。可是，当海鸥从高空以大迎角冲向地面，降低速度抢吃面包时，他又迅速把手缩回来，海鸥扑了个空，于是它的姿态就超过了翅膀前临界角，产生了失速现象，跌倒在地上。他得出结论，飞机失速情况往往也是这种情况。

　　冯·卡门开创了空气动力学的理论研究，他不只从理论上解释了飞机飞行的道理，对飞机飞行的空气动力学理论做出了巨大的贡献，他还从理论上解决了过去许多只能靠经验来解决的问题。1941 年，他参与成立了美国航空喷气总公司。1956 年，他担任国际航空科学委员会会长。为了纪念他所做的贡献，月球上的一个陨石坑，就是用他的名字命名的。

24　飞越"天堑"的竞争

在英法之间，隔着英吉利海峡。最狭窄的地方也有 33 千米宽，在 1909 年以前，一直被人们称之为"天然屏障"。为了鼓励航空事业的开拓者，西欧国家一些企事业单位，纷纷出资悬赏飞越海峡的优胜者。这一年，英国《伦敦每日邮报》决定出资 1000 英镑，奖励成功者。

第一位争夺者是法国的拉塔姆。他是一位老练的飞行家，早在 1904 年，就已成为一位优秀的飞艇驾驶员。1909 年 7 月 19 日，拉塔姆驾驶一架"安托万内特Ⅳ"型单翼机，从法国海岸的加来起飞，向海峡对岸飞去。对岸的多佛尔城得到消息，立即燃放爆竹，准备迎接"海外来客"。可是，拉塔姆的飞机刚飞了 11 千米，发动机突然熄火，飞机落到水上。虽然飞行员安然无恙，但目的没有达到。

第二位准备飞越海峡的是年轻的法国飞行爱好者布莱里奥。布莱里奥驾驶的是他自己制造的"布莱里奥Ⅺ"型单翼机。他等了几天，天都不作美，刮大风，加上他的脚受了伤，正在发炎，真是焦急万分。1909 年 7 月 25 日清晨 4 时，风停了。他顾不得脚痛，毅然驾机出发了。这时人们还在梦中，他孤零零地飞着，海天茫茫，甚至机上罗盘也没有，但"老天开眼"，20 分钟后，居然看到了对岸多佛尔峭壁。于是，他穿过峭壁的一个开口，飞到一块陆地。

这时，多佛尔的人们才得知飞机降落的消息，人们把飞机团团围住。接着，飞机被送到了伦敦市的牛津大街上去展出。从此，英吉利海峡"天堑"变成了通途。

布莱里奥后来居上，一举成功，真是"老天有眼"吗？不是。据行

家们分析，除了他本人的勇
敢顽强外，他的飞机本身设
计比较科学也是一个重要的
因素。"布莱里奥Ⅺ"型，从
编号上可以看出，它是布莱
里奥已经对这种飞机进行了
第11次改进的机型。布莱里
奥从1905年开始设计飞机，
经多年孜孜不倦的改型，使
飞机变得小巧紧凑。自莱特
飞机诞生以来，几乎所有飞
机都采用宽大的机翼。失败
的"安托万内特Ⅳ"型飞机，
翼面积达50平方米，而"布
莱里奥Ⅺ"型飞机，翼面积
只有14平方米，由于全机小
巧，所以具有良好的机动性
和操纵性。

布莱里奥驾驶单翼机飞越英吉利海峡成功

　　更有意思的是，这架飞机后机身没有蒙皮，在机身的骨架中装有一
个浮筒。这是为了使飞机能在水上降落，如果包上蒙皮就不方便了。

　　"布莱里奥Ⅺ"型飞机的成功，受到飞行家的关注，使它进入了市
场，到1910年8月，已经销售出140多架。1909年8月，在一次比赛
中，这种飞机以时速97千米获速度奖。1910年，一位飞行家驾驶它飞
越了海拔3000米高的阿尔卑斯山。接着这种飞机又成为英国和美国的
空邮工具和旅客机的先驱。在第一次世界大战中，这种型号的军用机型
又成了许多国家争购的军用机。可以毫不夸张地说，"布莱里奥Ⅺ"型
飞机是世界航空发展初期使用时间最长的飞机之一。

25　"孤胆雄鹰"

1919年，飞机刚刚发明才十几年，虽然航程越来越远，也飞越过英吉利海峡，但飞越大西洋，还被认为是一种幻想。

这一年，法国富翁奥尔蒂格为唤起人们的注意，愿出25000美元作奖金，赏给第一位横越大西洋而不停留的飞行家。这项奖金的执行办法由美国航空协会主持。

但是，过了8年多，由于技术等多方面的原因，没有一位飞行家成功。他们有的半途而废，有的甚至机毁人亡，葬身鱼腹。

1926年，美国飞行员林白得知这一消息，也跃跃欲试。但那时他才24岁，名不见经传，所以谁都不相信他会成功。

其实，林白自1912年在华盛顿初次见到飞机后，就醉心于飞行。1922年，他进入飞行学校。1924年，他自己购买了一架旧飞机练习飞行。1925年，他当上了航空邮运飞行员。他坚信，只要飞机性能改进得更好，如构造轻巧，使用上单翼和流线型翼剖面，使用性能良好的气冷式发动机，加上自己的勇敢和科学精神，完成从纽约到巴黎横越大西洋的不着陆航行，是可能的。

当时，圣路易有几位热心航空的人士，愿资助林白。于是，林白亲自设计，亲自备料，在瑞安航空公司里，制造了一架YP-1上单翼机。为了这架飞机，有人连续工作24小时之多，该公司总工程师一次绘图竟连续干了近36小时。

这架飞机采用木质结构，外壳蒙的是布，机头装有一台J-56活塞发动机，功率为164千瓦。为了长距离航行，机身、机翼都安置着油箱，总共可装 1122 升汽油。由于这架飞机是在圣路易的热心人士资助下制造的，所以林白将它命名为"圣路易精神"号。

　　1927 年 5 月 20 日 7 时 52 分，林白驾驶"圣路易精神"号，从美国纽约罗斯福机场起飞，开始横渡大西洋的飞行。因为前一夜下了雨，机场地面泥泞，起飞不顺利。但他决心已下，驾起飞机义无反顾地向前飞。不久，就飞过了纽芬兰。接着，进入北极圈的黑夜，飞了两个多小时，天已亮了。在到达欧洲海岸时，他看到成群的渔船。

　　林白一时心血来潮，将油门关掉，降低飞行高度，试图与船上的渔夫对话。他问渔夫："爱尔兰在哪个方向？"但对方根本就听不见。

　　他只好继续往前飞，终于凭借地形和罗盘找到了巴黎的方向。经过英吉利海峡后，巴黎的灯光已经可以看到了。接着，他飞过了艾菲尔铁塔。此时，巴黎布尔歇机场已经得知消息，人山人海。当他安全降落，走出飞机场时，顷刻间就被淹没在欢呼的人群海洋中。

完成了单人飞越大西洋的"孤胆雄鹰"

　　林白用了 33 小时 30 分钟的时间，飞越了 5810 千米的航程，终于单人驾机不着陆地从纽约直飞到巴黎，完成了单人飞越大西洋的航行，因而被人们称作"孤胆雄鹰"！

　　如今，对现代飞机来说，飞越大西洋的纽约至巴黎，已经不在话下。然而，作为破天荒的第一次，特别是在飞机发明后只有 16 年历史

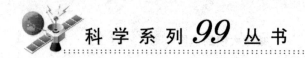

的 1919 年，林白和他的"圣路易精神"号是立了头功的。所以，这架飞机至今还存放在美国航空航天博物馆中。

26 "女林白"失踪之谜

林白单人驾飞机横渡大西洋的壮举，震动了全世界。5 年后的一天，美国女飞行员雅美莉亚·伊亚赫特步林白的后尘，再次飞越大西洋，而且创造了比林白所用时间更短的纪录，为此，伊亚赫特获得了"女林白"的殊荣。

又过了 3 年，伊亚赫特决定向更高的目标前进：驾机沿地球赤道环行一周！

帕帝大学为她筹集了资金，使她得到了当时最先进的洛克希德·艾勒克特拉飞机，这是一种具有双发动机的旅客机。为了能有足够的燃油供长途飞行，她将飞机加以改进。在可以乘坐 10 位旅客的客舱中，加设了备用油箱，在机翼中也加装了油箱，这样，整架飞机简直就成了一个大油筒了。由于这些改进，使整架飞机装的燃油比原来要增加 4 倍以上，飞行距离可增加 6400 千米，这就为它沿赤道环行一周提供了更大的可能。

1937 年 5 月 20 日，焕然一新的艾勒克特拉飞机停在美国太平洋沿岸的奥克兰机场，飞机上印着红底白字的"雅美莉亚"字样。雅美莉亚·伊亚赫特开始了自己的环球飞行。她剪了一头短发，穿着紧裤和皮夹克，登上了飞机驾驶室。

飞机沿美国本土向东飞，很顺利地到达东海岸的佛罗里达半岛的迈阿密。接着，就向大西洋飞去，越过大西洋，飞到了炎热的非洲。6 月

30 日，飞到了新几内亚的拉艾。至此只剩下 11000 千米的路程了。

7 月 20 日，伊亚赫特驾驶着加满了油的艾勒克特拉飞机又起飞了。按计划，它可以飞 6400 千米，到达太平洋上的赫兰岛。然而，由于天空布满厚厚的云层，飞行遇到了困难。美国政府特别派出警备艇驶往赫兰岛附近，用无线电为伊亚赫特导航。但是，呼叫了 20 多分钟，没有收到任何回音。7 时 42 分，人们终于听到伊亚赫特发出的尖叫声："我看不到船，燃料快耗尽了。"接着，无线电完全中断，伊亚赫特和她的飞机从此再也没有露面，失踪了。

这以后，美国海军动用了 1 艘航空母舰、7 艘战舰及舰载飞机等进行海空大搜索。但都没有发现任何飞机残骸，也未找到伊亚赫特的尸体。

那么，这架飞机到底哪儿去了呢？"女林白"又在哪儿呢？这一直成了世界一大谜案。直到 1946 年，第二次世界大战结束后，才有了一点消息。

据太平洋赛班岛一个土著姑娘回忆，她在该岛曾看到过一架飞机掉下来，并且看到一个美国女人。时间正好是 1937 年夏天。那时，在赛班岛上有一个日本的海军基地。据分析，日本得知伊亚赫特要环球飞行，飞行路线正好要经过日本基地上空，就认定这是一架间谍飞机。后来，这架飞机在飞往赫兰岛途中迷航，降落到了赛班岛。于是，飞行员伊亚赫特被日本人认定是间谍，而监禁了她。

但是，日本和美国都否认了这个传闻。至今，这架飞机的下落仍是一个谜。但是，有一点是肯定的："女林白"伊亚赫特是向环球一周航线挑战的第一位女飞行员！

27 从北极飞回来的"死神"

1925 年 5 月 21 日，在挪威北部斯匹次卑尔根岛上，停着两架经过改装的"多尼尔"号水上飞机 N24、N25 号，6 个人等在机旁。他们迎着狂啸不止的风暴，注视着北方的冰原。他们就是挪威探险家阿蒙森及他带领的 5 个队员，此刻他们正准备向北极这个冰雪王国飞去。

每架飞机上可以乘 6 个人，现在各乘了 3 个人，如果其中一架飞机出事，则另一架飞机可以把全部探险者带回来。每架飞机上各装 1 个雪橇、1 个汽化油炉、1 个帐篷，还有照相机、六分仪等导航仪器，加上够吃 30 天的食物。为了减轻重量，他们把无线电设备也拆了下来。

飞机要起飞了，阿蒙森对送行的航空俱乐部主任说："如果我们 14 天后还不回来，请海军派船到北极圈来搜索 6 个星期，至少会找到一些遗物的。"

就这样，6 位探险队员分乘 N24、N25 号机义无反顾地向着极地飞去了。飞机在雾气蒙蒙的北极地区上空飞行 8 小时后，由于很难分辨出灰白色虚幻的地平线，还未到达极点就迷失了方向；而且，汽油已经消耗了一半，于是，飞机迫降在北纬 87°44′、西经 10°22′的地方。

不巧的是，N24 号飞机的发动机在着陆时震坏了。阿蒙森决定抛弃 N24 号机，6 人同乘 N25 号机一齐返回。但是，N25 号机降在一个四周环绕着冰山的冰湖上，没有起飞的跑道。于是，他们赤手空拳与冰雪展开了斗争。他们用坚强的毅力，经过 20 多天的努力，削掉了约 500 吨的冰雪，为飞机清理出一条跑道。

6 月 15 日上午，阿蒙森命令大家，把飞机上能扔的东西统统扔掉，

削平冰雪，为飞机清理出一条跑道

只留下胶卷、地图和食品，准备返航。飞机终于起飞了，下午4时，N25终于飞到了斯匹次卑尔根北部一个无名小岛上。接着，被一艘过往的船救了出来。

当6名探险队员被船员们救起时，船员们真不相信自己的眼睛，因为所有的宣传机构都已宣布他们死了，救起他们的人们认为这6人是复活了的"死神"哩！

当N25号机飞到挪威首都奥斯陆时，哈哥国王亲自接见了6名探险者。报纸上宣告："阿蒙森的飞行证明，飞机是可以征服北极气候的，它必将成为今后北极探测的重要工具。"

这次探险用的"多尼尔"号单翼机，是德国多尼尔公司设计制造的。为了适应北极飞行，在机壳外蒙上了硬铝皮，以防冰块擦伤；又将机下原来适宜水上滑行的滑水橇，改装为可在冰上滑行的滑冰橇。这种飞机共有一推一拉两副螺旋桨，推动它们的两台发动机在当时是第一流的，功率各为330.75千瓦。

通过这次北极飞行，证明这种飞机经受了冰雪严寒的考验。另外，这次能胜利返回，与阿蒙森的指挥有方也有重大关系。阿蒙森当时已是53岁，他曾从陆路驾雪橇到达过南极极点，是第一位踏上南极的人。

这次又沉着地驾驶飞机从"死亡之地"复活出来。不幸的是,他后来在一次拯救战友的行动中,牺牲在北极。他,的确是一位献身极地的勇士!

28　艾米,神奇的艾米

《艾米,神奇的艾米》,是20世纪30年代风靡英格兰的一首流行歌曲。歌曲中颂扬的艾米,就是举世闻名的英国女飞行员、绰号"飞行秘书"的艾米·约翰逊。

艾米1903年出生在英格兰,1922年考入谢菲尔德大学。1928年2月,英国空军少校欣克勒首次单人从英国直飞澳大利亚成功的消息传来,唤起了艾米童年的幻想——当一名飞行员,并且促使了她步欣克勒后尘的决心。于是,艾米加入了伦敦飞行俱乐部,学到了一手飞行本领。

1930年5月5日,艾米开始实现她的梦想——单机飞往澳大利亚。她驾驶的飞机叫"舞毒蛾"DH60G,是英国哈夫兰飞机公司生产的双翼机。它的机身结构是木头的,座舱上方为敞开式的,起落架为固定的,螺旋桨也是木制的,总重为748千克,时速可达159千米。

为了这一天的到来,艾米历尽艰辛。她先找到《每日邮报》,因为这家报纸过去经常资助飞行员,但这次却拒绝了她。她又去求见来英国访问的澳大利亚外交部长,部长却忠告她:"姑娘,别干那种蠢事了。"最后她总算说服了一位石油大王,为她出了资。

这一天终于来到了。虽然在位于伦敦以北的克罗伊登机场上,送别艾米的只有她的父亲,然而她却下定决心登机腾空而去。飞机先飞往奥地利的维也纳，再经土耳其的伊斯坦布尔飞往非洲。开头的飞行一路顺利，但在飞往叙利亚的途中遇到高达12000英尺（3658米）的山峰，要知道"舞毒蛾"的最高升限只有11000英尺（3353米）呀！她只好穿山谷而飞，几次险些撞上了山峰，最后总算飞出了山口。

在快到伊拉克的巴格达时，又遇到了风暴和沙暴，艾米只好在大风中迫降到地面。3个小时后，风渐渐小了，艾米重新登上了飞机，平安地降落到了巴格达。

接下去的航向是向亚洲飞去。5天后，艾米飞到巴基斯坦的卡拉奇，她奇迹般地提前两天打破了欣克勒创造的由伦敦到卡拉奇的飞行时间纪录。这时，美国的新闻界开始注视她的飞行了，于是，艾米立即成了举世瞩目的人物。

在飞往印度途中，她又遇到了逆风，迫降在一个军用机场上，而且飞机因没有刹车机构而被撞坏了。幸好一位木匠帮她把飞机修好，使她得以继续飞到阿拉哈巴德。接着，艾米又往缅甸飞去。但是在飞过孟加拉湾上空后，茫茫林海使她迷失了方向，她又迫降到一个足球场上。在这里，飞机又被撞坏了，但庆幸的是这里有个工程学校，师生们为她修好了飞机。艾米因此而顺利地到达了缅甸的仰光，再飞往泰国的曼谷和新加坡。在飞往印度尼西亚的爪哇岛时，又遇到了暴风雨，她又迫降到一家糖厂的工地上。雨过后，艾米一鼓作气，飞往帝汶岛，于19天后安全降落在澳大利亚北部达尔文岛机场，艾米实现了自己的愿望。

艾米，世界上第一位由英国单飞澳大利亚的女子，成为举世闻名的英雄。人们高唱着《艾米，神奇的艾米》歌曲，传颂着她的英名。

29   在空中表演杂技

1920年4月的一天，在美国，人们纷纷赶到一个机场上，去观看一场异乎寻常的杂技表演。表演者不是在室内，也不是在露天杂技场，而是在天空飞翔的飞机上。

这是一架早期的双翼式飞机。飞机在空中飞着，突然，一位飞行员从座舱里走出来，在座舱外进行"徒步行走"的表演，看他凌空迈步的样子，真叫人担惊受怕。

这位飞行员表演完后，走进了座舱，又出来一个江湖艺人打扮的人，他胆更大，竟然爬到机翼上，在那里表演起各种杂技动作来。从此，"空中杂技"宣告产生了。后来表演的动作越来越惊险，有的在机翼上倒立；有的在机身下悬一根绳子，用牙咬住绳子的下端，吊在空中表演；有的甚至从一架飞机上跳到并排飞行的另一架飞机上，真是险象环生，扣人心弦。

空中杂技的产生，是在第一次世界大战之后，那时飞机没有用武之地，一些飞行员和杂技演员没有生计，只好用这种方式卖命；一些老板为了赚钱，以满足某些人的好奇心理，就不惜以别人的生命为代价，用飞机作舞台，进行冒险的表演。由于没有保险和救生设备，所以表演者是毫无安全保障的。

一天，一个表演者在机翼上表演空翻时，由于一脚未蹬好，翻到机翼之外，于是从空中坠了下来，摔死了。从此，这种冒险的空中杂技表演暂时停止了。

哪知道，到了20世纪80年代，这种危险的举动，又在某些国家复活了。1982 年，两个美国女青年，又出来冒险了。她们效法 60 年前的空中杂技表演，甚至更大胆。

表演使用的飞机，仍是古老的双翼式飞机。第一个表演的姑娘叫唐娜，19 岁。她在有人驾驶的飞机翼面上，表演了许多高难度的舞蹈，如用脚钩住机翼上的立杆，然后用手和身体表演各种动作。第二个姑娘只有 17 岁，叫苏珊娜。她表演的飞机不用人操纵，采用自动驾驶仪飞行。苏珊娜的表演更吸引人，她可以用脚蹬在机翼的立杆上，用全身进行表演。

空中杂技虽然很惊险，但是从科学上分析，只要有充分的保护措

站在机翼上进行杂技表演

施，实际上并不难。因为飞机虽然在空中飞，对地面观看的人来说，它是在空中飞行，但对立在机身上表演的人来说，实际是相对静止的，在这一点上，和在地面表演一样，没有什么特别的技巧。当然，在空中飞行，速度快，风就大，对表演者来说，干扰很大，所以必须胆大心细。一般表演者采用双翼机，因为它飞行速度慢、平稳，可以减轻一点表演的难度。

但是，空中杂技表演很难采用保险措施，即使用保险索、降落伞等，用起来也很不方便。因此空中杂技是不宜提倡的。

30 在空中翻筋斗的"半个英雄"

神话中的孙悟空，在空中一个筋斗就可以翻十万八千里。在航空史上，真有一个能翻筋斗的"孙悟空"，他就是俄国杰出的特技飞行员聂斯切洛夫。

1913年8月27日，聂斯切洛夫驾驶一架"纽保-Ⅳ"型飞机，从基辅起飞。他先爬升到1000米的高度，然后关掉发动机，使飞机陡峭地向下俯冲，接着，又重新启动发动机，而且开足马力，猛地把飞机向上拉起。这时，只见飞机仰首翻转机身，整个机身"肚皮"朝天地飞到最高点，再转而俯冲，在空中垂直面内，飞了一个优美的"O"字。之后，飞机再俯冲，继而改为缓慢倾斜地滑翔、拉平、下降，最后平安地降落到机场。

这就是世界上第一次驾驶飞机在空中翻筋斗的情景，现在把这种飞行特技称为"聂斯切洛夫筋斗"。

现在看来，聂斯切洛夫筋斗是战斗机飞行的一种普通的特技，但是在1913年飞机刚刚发明的第十年，驾驶着早期的飞机来首创这样的特技，却是了不起的壮举。

为了完成这一动作，聂斯切洛夫做了充分地准备。

聂斯切洛夫本来是个炮兵，因为酷爱飞行，被破例允许进入航校。他在飞行中表现了不平凡的创造精神。当时飞行手册规定，空中转弯时，机翼不许有倾角。这样转弯非常麻烦。他就试着使机翼倾斜来转弯。后来，他又产生了在垂直面内转圈，即空中翻筋斗的大胆设想。这是一种前人未能提出过的想法，为此，受到一些人的怀疑。有人甚至在

飞机在空中进行翻筋斗表演

黑板上写诗讽刺他：

"他是谁？可憎的俗人，半个英雄。他想用自己的筋斗，来打碎他的'天方夜梦'。"

聂斯切洛夫毫不畏惧，他也用诗般的语言来回答别人的讽刺：

"假如说的是翻筋斗，这当然说的是我……但是，朋友们！我要向你们保证：我敢于翻筋斗，并不想惊动世界，也不是一时心血来潮，我只不过是想使你们信服，空中——到处有支持!"

正如聂斯切洛夫所说的，他要在空中翻筋斗，决不是心血来潮，他为此进行了理论上的计算，证明筋斗直径为50米时，飞机的重量正好与惯性离心力相平衡，也就是说，可以在空中得到支持，飞行员不会从座椅上掉下来。这种情况就像今天我们在游乐园里玩过山车一样，有惊无险。

聂斯切洛夫用勇敢和智慧，实现了自己的"天方夜梦"。由于他的卓越成就，国际航空联盟设立了以他的名字命名的特技飞行奖。有许多城市和街道都用他的名字命名。

聂斯切洛夫翻筋斗驾驶的是"纽保-Ⅳ"型飞机，它是早期单翼机，是莫斯科杜克斯飞机厂生产的，机身是方盒子形，外壳蒙的是布，起落架不能收放，发动机功率为51.45千瓦。可以想象，用这样一种老式飞机来完成高难度的翻筋斗特技，确实是不容易的。

31 空中撞击战术的诞生

俄国飞行员聂斯切洛夫第一次在空中翻筋斗，打开了飞行史上的新一页。这不仅是对飞行员勇敢和技术的考验，也是对飞机的考验。可是，并非所有的人都很了解这种行为的真正意图，有的人竟认为，这只不过是空中卖艺而已。

有位将军甚至要求，把聂斯切洛夫拘押30天，用来警告那些好大喜功，在空中"卖弄风骚"的人。

聂斯切洛夫是一个不服输的战士，他在报纸上发表文章来回答别人的指控："是的，我早就要向那些'权威'挑战，我相信我会成功，因为我无论在学校和部队，我都没有飞坏过一架飞机。"

是的，他掌握了高超的飞行技巧，所以敢于向保守的飞行观点挑战。他请求，创造出一种独特的飞机来，但是他的愿望在沙皇时代没有得到支持。

这时，第一次世界大战爆发了。聂斯切洛夫预感到，飞机将投入到战争中。1914年，他在一所航空学校对学员们说："在将来的战争里，飞机将像老鹰进攻乌鸦一样。你们要学习各种飞行技术，你们谁愿意作乌鸦呢！"

聂斯切洛夫率领空军队伍来到前线，直接参与对奥匈帝国的战斗。

由于他的卓越成就，使敌人恨之入骨。奥地利司令部决定悬赏，毁坏他的飞机。

聂斯切洛夫毫不退缩，等待着敌人的挑衅。1914年8月26日，3架奥匈帝国的双翼机，在巴龙中尉的率领下，空袭俄国的机场。聂斯切洛夫决心要去击落空中的敌机。于是，他驾驶一架"莫兰-索尔尼M"型单翼机，起飞迎向敌机。

那时，在飞机上还没有装备武器。可是，聂斯切洛夫一心想的只是打击敌机。他将生死置之度外，追上敌机后，升到敌机上方，然后从高空猛地向巴龙的飞机撞去。聂斯切洛夫的飞机起落架撞在巴龙飞机的机

空中撞击敌机，是空战的一种战术

翼上，两架飞机都撞坏了。在滚滚浓烟中，一对飞机双双坠落，同归于尽。另外两架敌机，在突然的撞击面前，飞行员吓得不知所措，赶快驾机逃跑了。

聂斯切洛夫曾经说过，他从来没有损坏过一架飞机。但是这一次，在敌人面前，他"损坏"了自己的飞机。不过，这种"损坏"却是一种爱国义举。而且，他这英勇的自我牺牲精神，创造了世界战争史上的一个壮举——空中撞击！

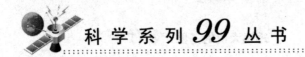

后来，这种空战的方法，成为威赫一时的战术。在前苏联卫国战争中，前苏联飞行员不止一次成功地使用了这种撞击战术，狠狠地打击了空中敌机。

聂斯切洛夫牺牲时才 27 岁。为了纪念这位年轻英雄，前苏联于 1947 年，在他牺牲的地方，建起了一座纪念碑，上面刻着："著名俄国飞行员、特技飞行创始人彼得·尼古拉耶维奇·聂斯切洛夫上尉在此英勇献身。他是世界上第一位完成空中翻筋斗和在空战中使用撞击战术的人。"

32　"福克大灾难"

1914 年，第一次世界大战爆发。刚刚诞生的飞机就成了战争的工具。

著名法国飞行员罗兰·加罗斯是一名优秀的空军飞行员，他决心用飞机去打击敌人。但是，那时的飞机是螺旋桨式的，机枪射出的子弹往往会碰到自己飞机上的螺旋桨叶，这不但达不到打击敌机的目的，而且损害了自己的飞机。为了解决这个问题，他找到了飞机设计师索尔尼。

索尔尼经过研究，在螺旋桨的桨叶上，加装了一块楔形偏导板，这样就可以挡住击中桨叶的子弹，保护螺旋桨。经过测算，这样的螺旋桨不但工作效率不受影响，而且保证了射击的可靠性和飞机的安全。

1915 年 4 月 1 日，加罗斯走进了一架"莫兰-索尔尼"型单翼机，这是第一架加装了桨叶偏导板和霍奇斯基机枪的飞机。这时，正好有一架德国"阿尔马特罗斯"双翼机飞过来。加罗斯对准敌机连连开枪，弹无虚发，打得对方毫无招架之力，当场中弹坠落。

　　从那天开始，连续 16 天，加罗斯用这架飞机，一举击落 5 架德国飞机。法国空军决定给击落 5 架敌机的飞行员授予"爱斯"称号，它是"空中王牌"的意思。后来这个称号风行世界，沿用至今，成为优秀空军英雄的美称。

　　正在德国空军惶惶不安，对法国战机难以对付之时，加罗斯的飞机不幸发生了故障，迫降到德国的阵地上。他和他的飞机都被德军俘虏了。德国人把这架飞机运到柏林，请来荷兰飞机设计师福克进行研究，发现了螺旋桨里的秘密。

　　福克花了两天两夜的时间，在原来飞机设计的基础上，又进行了改进，设计了一种机枪协调器，这种装置可以使子弹射出的角度和螺旋桨转动的动作互相协调，不会相撞，这样射击效率可以达到百分之百。于是，世界上第一种装有协调器的"福克 E1"诞生了。这种飞机经过试用，效果良好，后来成为战斗机的标志之一，为各国空军普遍采用。从此开始，真正的战斗机出现了，大规模的空战也随之展开了。

　　1915 年 7 月，德国飞行员斯瓦尔德·博耳克首先驾驶这种飞机参战，击落了许多协约国的飞机。后来，这种飞机也改进成了"福克 E3"型。接着又出现了"福克 DR-1"型三翼机。

　　"福克 E"型飞机是一种单翼机，飞行速度快。"福克 DR-1"型飞机是一种三层机翼的奇形怪状的飞机，它时速只有 185 千米，但它的上升和机动性能好。

　　在第一次世界大战中，空战是互相追逐式的，有点像狗打架，谁占领对方后上方位置，谁就占有优势，所以，当时的空战被人们戏称为"狗斗战"。

　　尤其是"福克 DR-1"型三翼机，在"狗斗"式的战斗中，特别有利于咬住对方的尾巴。德军的飞行员里希特霍芬就驾驶过这种飞机，击落了 80 架英国和法国的飞机，成为第一次世界大战中创纪录的"空中王牌"。1918 年 4 月 20 日，里希特霍芬被加拿大飞行员布郎驾驶的"骆驼"双翼机击落身亡。英国人竟破例为这个战争对手举行了隆重的

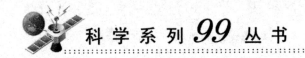

葬礼，这在战争史上是前所未有的。

由于福克飞机在第一次世界大战中大显神威，击落了许多协约国飞机，所以这个时期将这种情形称为"福克大灾难"。从这一情况也可以反映出科学技术对军事的影响。

33　加油！空中加油

在马路上，有许多加油站。汽车加了油，就可以跑得更远了。航空学家在想，能不能在空中也设些加油站，在空中为飞机加油，让飞机飞得更远呢？当然，这种加油站不能固定在天上，而是用飞机装上油飞到天上，专门对别的飞机加油。

这方法行不行呢？在 1922 年 9 月 4 日，美国两架飞机进行了试验。那一天，一架 DH-4B 双翼机装满了油，然后从油箱里接出一根长长的输油管，管的另一头装着一个出油嘴。另一架 DH-4B 双翼机的一个油箱空着，箱子上装着一个进油嘴，准备接受加油。两架飞机先后飞到了空中，然后，那架加油机飞到受油机上方，并稍稍靠前，两架飞机以这样的姿态，以相同的速度往前飞。由于它们的飞行速度相同，所以它们之间就像静止悬在空中一样，保持着相对不动。

这时，加油机上的飞行人员把油箱上的输油管扔出来，受油机往前把输油管接住后，又稍稍后退一步，受油机的飞行人员把输油管的出油嘴拧到自己飞机的空油箱进油嘴上。接牢之后，就向加油机发出加油信号，于是，加油机打开油门，一架飞机的燃油就源源不断地流到另一架飞机的油箱里。经过 21 小时 19 分钟的飞行，油总算加完了。算一算，在整个加油过程中，它们共飞行了 3480 千米。

空中加油，可使飞机不着陆飞得更远

看起来，这次加油算是成功了。但是，似乎很不合算，为了加一次油竟要飞那么长的时间，那么远的路途！不过，它宣告了空中加油是可行的，问题仅仅是要改进加油技术。

经过几十年的改进，现代飞机加油技术已经十分先进，而且生产了多种专用加油机，有的加油机还同时可以给多架飞机加油。如美国生产的 KC-135 加油机，一次可以供油 109000 升。一架 B-52 轰炸机，加一次油就可以绕着地球飞半圈。

空中加油为提高飞机战斗性能起了巨大的作用，这样的故事很多，最明显的事例是发生在 1983 年的英国和阿根廷之间的马岛之战。

英国在欧洲，阿根廷在美洲，马岛位于阿根廷附近的海中。由于该岛的主权纠纷，英国和阿根廷爆发了战争。阿根廷依靠"近水楼台"先占领了马岛，英国则依靠先进的航空技术，决心派飞机运兵，不辞路途遥远，要夺回马岛。

英国有一种先进的"鹞"式战斗机，可以垂直和短距离从航空母舰上起落，用航空母舰把它运到马岛前线。但是，航空母舰速度慢，为了争取时间，英国决定用加油飞机对"鹞"式战斗机加油，让它直飞马岛。

"鹞"式飞机在飞行途中，经过多次加油后，"一口气"在一天中就连续飞行了 12000 千米。这样就使得英国军队及时地赶到了远在"天边"的马岛，保证了英军的后援，终于夺回了马岛。经过计算，如果这些飞机不在空中加油，而用航空母舰运到马岛，则至少要 1 个月的时间，这将大大地延误战机啊！难怪现在有些军事学家认为，空中加油是提高飞机作战效能的一个关键！

34　失踪在极地的运输机

1937 年 8 月 12 日，在莫斯科一个机场，停着一架蓝色机身、红色机翼的飞机。这是一架安特-6 型四发动机的军用运输机，经过改进后，它准备做一次举世震惊跨越北极的飞行。

这次飞行由前苏联最优秀的跨北极飞行员列瓦涅夫斯基任驾驶员。按预定的计划，由莫斯科起飞，往北直飞北极，再穿越北极，飞到美国的阿拉斯加费尔班克斯机场。全程 4000 英里（约 6436 千米），飞行时间为 30 小时。

飞机从莫斯科起飞了，它在北方的上空从人们的视线中消失了。13 日，是预定的着陆时间，许多人聚集在费尔班克斯机场，准备欢迎飞越北极的英雄到来。

然而，飞机并没有按时到达，人们焦急不安地等待着、等待着。他们议论纷纷，翘首企望，很久很久，飞机还没有来到。他们终于失望了。

经证实，安特-6 失踪了。这立刻成了当时世界各大报纸的头条新闻。一次航空史上空前广泛而持久的国际性搜索活动开始了，但是没有任何结果。于是，人们普遍地认为，飞机是葬身于北极附近的冰雪之中了。

但是，28年后的1965年，发现了新线索，一名直升机飞行员在西伯利亚为地质勘探队运送物质时，在雅库次克以北的一个小湖中发现一个土堆，土堆上有些破碎的木板，木板上用火烙上了文字。当时，这名飞行员并没有注意这些木板的来历。

到1984年，曾经参加搜索安特-6的飞行员阿库拉托夫分析了这些木板，认为这里就是列瓦涅夫斯基和他的飞机遇难的地方。理由是，当飞机接近北极磁极时，飞机上的磁罗盘将失效，不能指示正确的方向。磁罗盘会产生20°～30°的方向误差，因此飞机不可能直穿北极向阿拉斯加飞行，而是在不到北极点时就向一侧飞去，飞向西伯利亚。按当时飞机的油量，正好在那个小湖上空燃油耗尽，就坠落到小湖上。

根据这一推测，有关方面马上派直升机到雅库次克以北230英里（约370千米）的山顶小湖去调查。遗憾的是，木板已在一次火灾中消失了。第二次调查时，连土堆也因地形变化而无踪影了。但是，第三次用金属探测器进行探测时，果然在湖水中发现有金属物。因此，分析的结论是飞机栽入了湖中。

尽管这个结论不一定准确，但是，在北极，飞机磁罗盘因处在磁极位置而失效这是事实。在这种情况下，飞行员应该根据太阳位置来校正方向。但从列瓦涅夫斯基最后发出的一份电报看，他的飞行高度是20000英尺（约6096米），由于发动机故障，飞机降到15000英尺（约4572米），进入了厚厚的云层中，没法通过太阳校正方向而造成了事故。

现代飞机上除了磁罗盘外，还装有无线电罗盘、陀螺罗盘和天文罗盘，因此，现代飞机在通过磁极时，就不会出现安特-6那样的事故了。

35 "纸片轰炸"在东京

你听过用纸片进行"轰炸"吗?在抗日战争中,中国空军就曾经成功地对日本进行过一次"纸片轰炸"。这次"轰炸"不仅大灭了日军的威风,大长了中国人民抗日的志气,而且是对中国空军的一次考验,是我国航空史上的壮举。

1938年,抗日战争开始不久,日本帝国主义气焰嚣张,不可一世,它们做着"三岛神州"不可袭击的美梦,不把中国空军放在眼里。

这一年的4月,中国有关当局下达命令,为了打破日本当局的美梦,粉碎"日本神州是安乐窝"的狂言,决定用飞机对日本撒放宣传单,进行示威式的空袭。这将是对日本本土的第一次空袭。

任务落在驻守在武汉的空军部队身上。具体方案是由两架B-10B轰炸机带着传单,从汉口机场起飞,飞到浙江宁波机场加油,然后直飞日本九州岛,撒下传单后,再返回汉口。

B-10B飞机实际上是美国制造的马丁139WC中型轰炸机,对华出口改称为B-10B。这种飞机装有两台570千瓦的气冷活塞发动机,最大时速可达343千米,总重7.4吨。这种轰炸机装载纸传单是不成问题的,麻烦的是飞机的航程只有1895千米。要求它直接从汉口飞到日本岛是有困难的。

为此,先对飞机进行了改装,去掉了一些不必要的设备,使它能多装一些油,以便多飞一些距离。同时,决定先飞到东海边上的宁波,在那里加满油以后,再直飞日本。

万事俱备,5月19日,行动开始了。下午3时23分,两架满载传单的 B-10B 飞机从汉口起飞了。驾驶长机的是徐焕升,驾驶僚机的是佟彦博。此外,各机上还有 3 名机务人员。飞机经江西玉山,于黄昏时到达宁波机场。

加油后,于当晚 11 时 48 分,两架飞机又起飞了。它们借着淡淡的月光,在 3000 米的高度悄悄地向日本九州飞去。3 小时后,九州海岸

借着淡淡的月光,扔出无数纸片炸弹

万家灯火通明,这给 B-10B 以天赐的良机。长崎、福岗等城市历历在目。此时,机组人员又庆幸又紧张。庆幸的是,这是撒传单的好机会,紧张的是怕受到日本空中战斗机和地面炮火的攻击。

B-10B 的尾射手目不转睛,紧紧地握着 27 毫米口径的机枪,这是惟一的自卫武器,是为飞机保驾护航的关键。还好,日本似乎一点也没有发现空中的飞机。B-10B 在长崎、福岗等地,共投下上百万张传单,于第二天凌晨 4 时 32 分,调头向西返航。第二天 8 时 48 分,僚机降落到玉山;9 时 24 分,长机降落到江西南昌。两机分别加油后,于 11 时 13 分在武汉上空会合,胜利地降落到汉口机场。

而此时,面对铺天盖地的传单,日本人都像刚从梦中惊醒一般,日本当局不知道这么多传单从何而来,紧急派出警察挨户搜查,闹得人心惶惶。而在中国汉口,鞭炮齐鸣,人们欢庆对日本宣传式的空袭的胜利,并把这次空袭戏称为"纸片轰炸"。

36　第一架喷气式飞机的遭遇

喷气式飞机和原子能、电子技术，号称是对人类社会现代化有重大影响的三大技术，它们都是在第二次世界大战中发展起来的。但是，第一架喷气式飞机的诞生却充满曲折。

1934年，德国哥廷根大学物理系研究生奥海因开始研究喷气发动机。在这以前，飞机的飞行都是依靠螺旋桨的转动带动飞机前进的。奥海因想到，利用从喷管中喷射高速气流直接产生反作用推力作为飞机的动力，不是更直接吗？他把自己设计的发动机的草图交给一个汽车机械师看，机械师看后，认为有道理，就决定造一台这种发动机的模型。

模型造出来了，可是在试验时，这种模型只会喷火，不会动作，失败了。于是，这项设计被搁置了下来。但是奥海因没有灰心。

1936年，奥海因又将自己的设计报告了自己的老师——一位物理学教授。教授看后，大力支持他试验，并推荐给一位飞机制造商亨克尔。亨克尔对这种发动机十分感兴趣，决定将奥海因请来一同研制。

经过3年的努力，到1939年，奥海因终于把喷气发动机设计完毕。7月，飞机制造商亨克尔决定向希特勒报功，透露这一发明。因为这时德国法西斯已经发动了战争，亨克尔以为可以因此而领赏。哪知道，希特勒却反对这种设计。

亨克尔知道，光有设计图是说服不了希特勒的。因此，他决定抓紧时间，把实物制造出来，并且要把这种发动机装到飞机上，做实际的飞行，这才有说服力。

经过一个多月秘密而紧张的研制，世界上第一架喷气式飞机 He-

176 终于制造成功了。1939 年 6 月 15 日首次试飞。又经过若干次改进，制成 He-178，1939 年 8 月 27 日，He-178 成功地飞上了天空。亨克尔高兴地向德国空军报告，可是空军军官们都不理睬他，亨克尔连续三天邀请德国军方去观看喷气式飞机的飞行，都遭到了拒绝。就这样，世界上第一架喷气式飞机被冷落在机场的一角。德国有关方面甚至命令停止喷气式飞机的研制工作。

后来，柏林有两个德国航空部的工程师十分支持亨克尔，他们不顾禁令，偷偷地为研制喷气式飞机提供方便条件。就这样，一种新型的喷

德军总参阻止喷气式飞机的研制

气式战斗机 Me-262 设计出来了。

可是，奇怪的是，这种新型喷气式战斗机仍遭到了德国军方的反对。当德军总参谋部得知此事，并向前线元帅密赫报告时，密赫竟跑到设计师家中，叫他停止 Me-262 的设计工作。

然而，支持喷气机式飞机设计的航空部的工程师梅塞施尔并没有听从密赫的命令，他们坚持设计和研制工作，而且很快制造出了实物。1942 年 7 月 18 日，Me-262 试飞成功。这时，希特勒知道了这个消息，才一反常态，命令赶快投入生产。可是，希特勒打的却是另一种算盘，

他要的不是战斗机，而是轰炸机，他要用轰炸机去挽回自己失败的命运。

然而，他的算盘已经打晚了，美军已经在法国诺曼底登陆，Me-262喷气式战斗机虽然比美国等同盟国的任何一国的最快的飞机速度每小时都要快160千米，但是没等它正式使用，希特勒就倒台了。

官僚主义延误了战机。当然，这对非正义的德国法西斯来说，延误正好促进了它的失败。

37　对手成战友

上一篇文章已经说明，世界上第一架喷气式飞机的发明者是德国的奥海因，这是世界所公认的。但是，喷气技术的专利，却不归奥海因所有。这又是为什么？

喷气的原理，人们早就从自然的启示中得到了。大海里的墨斗鱼向身后喷射一股墨汁，身子就被喷出墨汁产生的反作用力推动而向前进。1669年，英国著名的物理学家牛顿，首先提出了喷气原理，而且设计了一种利用向后喷气的反作用力而向前进的喷气车。

1929年，英国皇家空军一位青年军官惠特尔，首先提出在飞机上安装喷气动力的设想。但是，他的设想在实践时四处碰壁，没有人相信飞机可以不用螺旋桨而靠喷气前进。

后来，千里马还是碰到了伯乐。英国空军某个基地的一位教官认为惠特尔的设想有价值。1930年1月16日，他叫惠特尔把这一发明提交给英国专利局。英国专利局经过审查，果真批准了这一专利。

但是，这一专利没有人购买，一直沉寂在专利局的档案袋内。那位热心的空军教官到处游说，他和惠特尔经过两年多的时间来说服私人企业，叫它们采用这一专利，结果仍石沉大海，无人接受。

到了1935年1月，惠特尔的专利已经到期了，要延期必须再交25美元的手续费。可是，惠特尔连25美元也付不出来了，只好白白地让这个专利到期失效。

这时，幸好有两个商人对惠特尔的专利感兴趣，同意成立一个公司来研制惠特尔的发动机。但英国空军却千方百计限制惠特尔去公司服务。

尽管困难重重，公司的研制工作还是有了进展，并且很快造出了一台样机。1937年4月12日，试验初步成功，但不理想。1938年4月，又制出第二台发动机，这台发动机工作了两小时，接着就解体了。这年6月，由于德国发动了对英国的战争，英国航空部才不得不与惠特尔签订合同：制造一台供飞机使用的喷气发动机。

然而，时机已经失去了。1939年，德国已经研制出了第一架喷气式飞机，尽管这架飞机及其发明者奥海因，在当时还是一个秘密。

到1941年5月，英国终于也试制出了它的第一架喷气式飞机 E28/39。后来，英国首相邱吉尔看到了这种飞机，但也没有引起重视。直到1948年，英国政府才公开承认惠特尔的发明专利及贡献，并授予他勋章和奖金。然而，此时德国的喷气式飞机早已在第二次世界大战中投入战斗了。

第二次世界大战以后，德国的科学家大批流入美国。德国第一架喷气式飞机的发明者奥海因也移居美国。有趣的是，1976年，英国的喷气式飞机首创者惠特尔也移居到了美国。奥海因和惠特尔，这一对在喷气式飞机研制工作中的对手，他们在相互敌对的两个国家内，各自独立地钻研同一项技术，如今他们又不约而同地走到一起来了，互相切磋商讨，竟成了一对朋友，携手共同为美国的科学事业做出新的贡献，这真是一件值得回味的事情。

38 偷袭珍珠港的"虎"

1941年12月7日凌晨，在北太平洋上空，6艘日本航空母舰，悄悄地向夏威夷岛开去。母舰的甲板上，排满了飞机。其中，有40架97式"中岛"攻击机，51架99式"爱知"轰炸机和43架零式战斗机。轰炸机上带着重型炸弹和鱼雷。

这是军事演习吗？不是。这是日本海空军的一次秘密行动——偷袭美国在太平洋上的海军基地珍珠港。

当时，美国士兵还在梦乡中。突然，一百多架飞机从航空母舰上起飞，攻击机上吊着的鱼雷、轰炸机上挂着的穿甲弹，像暴雨般地落在珍珠港港区，击沉了美国16艘军舰，炸毁了美军265架飞机，使美国太平洋舰队遭到彻底的毁灭。

日本为什么要偷袭珍珠港呢？原来，日本帝国主义为了称霸太平洋，企图建立包括中国、印度、印度尼西亚、泰国、马来西亚、缅甸和菲律宾等国在内的所谓"东亚共荣圈"。可是，这一计划威胁了美国的利益，美国在珍珠港有驻军。但当时日本严重缺少能源，就准备夺取南洋的石油。而美国在珍珠港驻军，影响了日本的计划。于是，日本天皇授意日本海军联合舰队司令山本五十六攻击珍珠港。

然而，珍珠港的美军军力强大，明着进攻是难以成功的，日本就决定偷袭。为了麻痹美国，日本表面上派代表与美国和谈，而实际上却进兵夏威夷。因此，美国一点准备都没有。

等到7日清晨，日军飞机飞到珍珠港时，美军雷达屏幕上出现了飞机，值班军官还嘲笑雷达兵，说他们误把美国飞机当成日本飞机。当飞机投下炸弹时，美军甚至还以为是一次军事演习呢！

这次偷袭珍珠港的飞机有三种。第一种是 97 式攻击机。第二种是 99 式轰炸机。它们都是对地和对海的作战机，攻击对象是军舰、潜艇和地面军事设施。第三种是零式战斗机。是空中作战用的。这些飞机都是单翼式螺旋桨飞机。零式战斗机是当时日本先进的飞机，它时速 500 千米，火力猛，行动灵活。97 式攻击机是日本第一种装有可收放的起落架的舰载机，时速 378 千米，可挂一枚 800 千克的鱼雷。99 式轰炸机起落架不可收起，时速为 389 千米，腹下挂着用穿甲弹改成的有尾翼的炸弹。这些飞机在日本虽然很先进，但和当时美国的飞机比起来却并不优越，然而日本采用了偷袭的行动，所以空袭成功。怪不得在偷袭得手后，日本飞机迫不及待地向日本发出了密电："虎，虎，虎！"日本人认为"虎"是千里征途胜利而归的象征。

日本偷袭珍珠港的事件，激起了美国等国的愤怒。美国总统罗斯福发誓："必须记住这个奇耻大辱的日子！"于是决定向日本宣战。从此，第二次世界大战中的太平洋战争开始了。

39 "AF"保卫战

日本偷袭珍珠港成功后，得意忘形，决定继续轰炸夏威夷东北方的中途岛，因为那里停泊着美国的航空母舰。哪知，它这次的如意算盘打错了。

美国由于在日本偷袭珍珠港的事件中受到严重损失，提高了警惕。美国的情报机构整日整夜地收听日本的密码电报。其中，日本军部发给日本太平洋舰队的许多电报中，都出现"AF"两个字母。"AF"到底

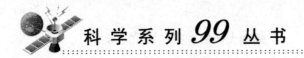

是什么意思呢？

负责翻译密电的美国情报员想起，在两个月前日本飞机偷袭珍珠港时，日本的密电中曾提到飞机要去"AF"附近的一个小岛上加油。于是，他猜测，"AF"是中途岛的代号，因为那里有日本飞机的加油站。

为了证明这个猜测的正确性，美国海军故意发了一个假电报，说"中途岛供水发生故障"。果然，不久日军就发出了"AF缺水"的密码电报。

美国确切地知道日本要轰炸中途岛后，就将计就计，在中途岛布下兵力，粉碎日军的阴谋。当时美军在中途岛海面停有"企业"、"大黄蜂"和"约克城"号航空母舰。舰上装有SBD轰炸机、TBD攻击机、F4F战斗机一百多架。这些飞机都做好充分的准备，以迎战日军的攻击。

1942年6月4日，日军的"赤诚"、"加贺"、"苍龙"和"飞龙"航空母舰果然开到中途岛附近，舰上载着那些在珍珠港得手的作战飞机。可是，这回美军没有"睡觉"，日本飞机一出现，就遭到了美军飞机的迎战。

84架SBD轰炸机、41架TBD攻击机和26架F4F战斗机从美军航空母舰起飞了。战斗机掩护着轰炸机和攻击机，带着炸弹和鱼雷，飞向日本的航空母舰。攻击机在低空攻击日舰，它受到日本零式战斗机的阻击，但是美国轰炸机突然从高空而降。一颗颗黑色的炸弹倾泻而下，在日本航空母舰上引起一阵阵爆炸。很快，火焰蔓延到甲板上，引爆了船上飞机的鱼雷。接着，舰上一片火海。3艘日本航空母舰全被炸毁。

日本航空母舰只剩下1艘"飞龙"了，但它也没能逃脱美国飞机的攻击。它先后遭到79架美国飞机的攻击，最后终于被4颗炸弹击中。这次中途岛上空的空战和海空战，美国胜利了，它报了珍珠港被偷袭的一箭之仇。

这次空海战美军使用的SBD轰炸机时速为410千米，可以挂545千克炸弹。TBD攻击机时速332千米，主要装备鱼雷，但它比较笨重，在战斗中战果并不佳。F4F 战斗机时速 523 千米，它和日本的零式战斗机相当，在中途岛之战中，它是零式战斗机的强有力的对手。

中途岛之战对日本海军、空军是一个沉重地打击，是日军走向灭亡的转折点。在这次战斗中立了功的主要是美国的飞机，当然也不能忘记美国情报员及时提供了可靠情报的作用。

40   "东京上空 30 秒"行动

1941 年，第二次世界大战正在激烈进行，这一年年末，日本突然偷袭美国珍珠港，使美国太平洋舰队损失惨重。为了报仇雪恨，美国决定对日本首都东京进行闪电式轰炸。

1942 年 4 月，美国"大黄蜂"号航空母舰驶出了旧金山港，上面装着 16 架 B-25 轰炸机。机队由杰出的飞行员、47 岁的杜立德中校指挥。计划是这样：航空母舰在距日本海岸 800 英里（约 1287 千米）的海面停泊，这时轰炸机从舰上起飞，直驶东京上空，扔下炸弹后到中国重庆机场和衢州丽水机场着陆。

18 日凌晨，航空母舰到达预定地点，16 架飞机从舰上起飞了，经过 5 个多小时的连续飞行，于下午 2 时飞到日本近海。东京就要到了，这次轰炸行动要求十分严格，只许在东京上空轰炸 30 秒钟，随即飞离。

突然，6 架日本零式战斗机从低空向 B-25 机群飞来。美国飞行员大吃一惊，难道日本发现了自己的行动？不可能，因为这次行动是绝对保密的。果然很侥幸，日本飞机从美国飞机身旁擦边而过，他们以为那是日本自己的飞机，没有理会。

东京到了，由于飞机是从超低空进入日本领土的，为了投弹，必须

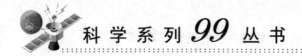

迅速爬高到1500英尺（约457米）高。就是这个动作，飞行员们整整训练了1个月，还研究了3周。

杜立德发出了轰炸命令，仅仅30秒钟，16架飞机的炸弹全部投出，顿时，东京陷入一片火海之中。突袭后，16架飞机加大油门，向中国大陆飞去。机群在东京30秒的战果是辉煌的，可是，由于油不够，加上当时已是夜晚，返航却不顺利，机群未能降落到预定的机场。其中1架飞机在前苏联海参崴着陆，其余15架迫降到浙江、江西内陆和沿海一带。16架飞机中共有80名飞行员，除进入前苏联那架飞机外，另外15架飞机共载有75人。由于当时中国沿海被日军占领，结果有11人被日军俘房或打死，幸运的是，其余64人被中国老百姓救出，后来送往重庆，辗转送回了美国。

1992年3月，美国举行"东京上空30秒"行动50周年庆典，5名当时救了美国飞行员的中国老人被邀请到了美国，参加庆典活动。

这次行动立首功的是美国北美航空公司生产的B-25轰炸机。这种飞机是1941年生产的，是第二代轰炸机。这种飞机已由第一代的双翼

仅仅30秒钟，16架美军飞机的炸弹全部扔向东京

机改为单翼机，它的上单翼翼展近 68 英尺（约 21 米），机长近 53 英尺（约 16 米），机高近 16 英尺（约 5 米）。两台螺旋桨发动机功率各为 1250 千瓦，装在左右机翼下面。和一般飞机不同的是，它有两个垂直尾翼。当时，每架飞机上可装 4 颗 500 磅（约 227 千克）的炸弹。而整架飞机的重量为 35000 磅（约 16 吨）。它的最大航程是 1350 英里（约 2172 千米），本来飞行顺利的话是可以在中国预定的机场着陆的。它的巡航速度为每小时 370 千米，可是在这次实战飞行中，它的俯冲速度达到每小时 563 千米。目前，这种飞机虽然已经退役，但它的历史功勋却永载航空史册之中。

41　"双身的恶魔"战恶魔

　　日本偷袭美国珍珠港的事件，使驻守在珍珠港的美国太平洋战区司令尼米兹时刻怀恨在心，一心想报一箭之仇。

　　1942 年 4 月 14 日，机会到了。这一天早晨，尼米兹收到一份日军密电，经过破译，电文说的是日本海军联合舰队司令山本五十六，将于 4 月 18 日飞往所罗门前线视察，以鼓舞日本兵的士气。

　　这真是天赐良机，尼米兹决定攻击山本五十六这个恶魔。他命令驻守在瓜达尔卡纳尔岛上的第 339 中队执行这一任务。选用的战斗机为 P-38 "闪电"。

　　17 日夜，16 架 P-38 战斗机加满了油。18 日凌晨，P-38 飞行了 630 千米，到达伏击地布干维尔岛西侧，等待山本五十六的座机来到。

　　果真，两架攻击机在 6 架零式战斗机的护航下，一起编队飞来了。其中一架攻击机上乘坐的正是山本五十六，而另一架攻击机上乘坐的是

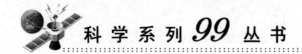
参谋长宇垣。

9时35分，山本五十六的机队准时来到规定地点的上空。其中一架攻击机正在降低高度，准备在岛上原始森林中降落。这时，严阵以待的美军 P-38 战斗机立即向日本的机队冲去。

P-38 是一种单座战斗机，它的外形比较奇怪，有两个机身，机翼和尾翼跨接在两个机身上，所以号称"双身的恶魔"。它装有两台螺旋桨发动机，功率各为 974 千瓦。它的速度可以达到每小时 636 千米，可连续飞行 3100 千米。它的攻击火力强，上面装有 20 毫米口径的机炮和 4 门 13 毫米口径的机枪。

日本机队在毫无准备的情况下，受到美国飞机的伏击，措手不及。在交战中，日本两架攻击机被击落，它落在丛林中，但 6 架护航的零式战斗机却侥幸地逃走了，平安地飞回到日本布因基地。

事后，日本军队在丛林中找到了被击落的日本攻击机的残骸，并在现场发现了山本五十六的尸体。这个恶魔终于败在"双身的恶魔"手下，这真是"魔高一尺，道高一丈"。

有趣的是，伏击山本五十六的成功，已经作为美国的一个漂亮的胜

"双身的恶魔"击落了恶魔山本五十六

利载进了历史的史册，但事过 45 周年之后，关于到底是谁击落了山本五十六的座机却引起了争论。当时，由于指挥美国战斗机展开空战，并第一个冲向山本五十六座机的是兰菲尔中尉，所以兰菲尔被晋升为上尉，并受到当时美国总统罗斯福的祝贺。

而在 1987 年 4 月美国纪念"与山本作战 45 周年"的庆祝会上，当时参战的 P-38 飞行员巴博和艾姆斯都声称：击落山本的不是兰菲尔而是自己。后来美国空军又作出是巴博和兰菲尔同时击中山本五十六座机的决定。但双方都不服。由于这件事既无证据，又无证人，所以只好作为一个谜留存下来。

但不管是谁击落了山本五十六的座机，而"双身的恶魔"战斗机击落了恶魔山本五十六，这却是不容怀疑的事实。

42　葬身沙漠的飞机

在欧洲意大利和非洲利比亚之间，只隔着一个并不很宽的地中海。1959 年 5 月，一架大西洋石油勘探飞机在利比亚的撒哈拉大沙漠上飞行，以探测这里的石油资源。然而，意外的是，在这荒无人烟的沙海上，竟发现了一架飞机的遗骸。

经过检查，这是 16 年前失踪的美国 B-24 型"蕾蒂"轰炸机。那是1943 年第二次世界大战中的事了。

1943 年 4 月 4 日，美国航空母舰载着 25 架 B-24 轰炸机，去执行轰炸意大利那不勒斯港的任务。驾驶"蕾蒂"的是威廉·丁·哈顿，他是一位技术高超的驾驶员，战前受过严格的身体和精神检查，技术和体质都是一流的。

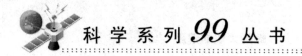

　　哈顿当时带领着3架轰炸机一齐向那不勒斯飞去，但到达目的地上空时，天黑了，看不到目标，他们只好返航。在返航途中，因天黑，哈顿的飞机落后于其他飞机。飞机向地中海方向飞去，准备降落到地中海上等待他们的航空母舰上。

　　可是，哈顿的飞机已经飞过了地中海，飞到了利比亚的撒哈拉大沙漠上空。疲惫的哈顿把奇形怪状的沙浪，误作是大海的巨浪。这时，飞机上的无线电又不起作用，他没有收到地面的航标信号，和基地已经失去了联系。

　　飞机只好减速，然而燃料快用完了。哈顿只好决定弃机跳伞。哈顿到达地面后，才知道这里不是海上，而是沙漠。而这架飞机上的螺旋桨还在转着，最后竟奇迹般地落到沙漠上，并没有发生爆炸。

　　哈顿在缺水、缺食的情况下，和外界失去了联系，惟一的生路只有徒步向海边走去。幸好，沙漠上留下了一行车道，这是过去非洲战役中，意大利陆军车队留下的痕迹。哈顿沿着车道前进，指望着能找到一条出路。

　　但是，他的希望破灭了。路途遥远，而他又饿又乏，走不到头。他把衣服和降落伞撕破，丢在路上作标记，指望着救援飞机会沿着标记找到他。经过了大约一个星期，在离飞机75英里（约121千米）的地方他倒下了。由于失去联系，于是，"蕾蒂"号的失踪成了当时一个谜。

　　16年后，大西洋勘探公司的飞机终于揭开了这个谜。当他们把这个发现告诉驻在利比亚的黎波里的空军基地时，美国军事专家赶到现场，发现飞机除机翼破坏外，其他设备都完好无损，甚至连机舱里的暖水瓶里还盛着咖啡。这证明，飞机决不是被敌方的武器击落的。

　　那么，到底是什么原因使这架第二次世界大战中闻名的轰炸机迷航了呢？经过分析，是沙漠，无边的沙漠，使飞行员产生了错觉。尤其在沙漠掀起风暴时，飞机会误入方向难辨的"迷魂阵"中。后来的中东战争和海湾战争中，也发生过类似的事件。如何对付这种天气和地貌，至今仍是航空界一个难题。

43　大坝在"百货商店"中崩塌

在第二次世界大战中，德国法西斯对英国进行了狂轰滥炸。为了报复德国法西斯，英国飞机设计师华里斯决心设计一种新型的航空炸弹去炸毁德国的大水坝。

德国鲁尔附近的电力和用水，主要由一座水库供应，如果将水库大坝炸毁，就会使德国有关的工业瘫痪。但是，要从高空炸毁大坝需要重达 32 吨的炸弹。而当时英国的重型轰炸机——兰开斯特轰炸机，标准载弹量只有 8.2 吨。怎么办呢？

要马上设计新的轰炸机是不可能的。华里斯于是从改进炸弹入手。他想，如果炸弹能钻到大坝的适当深度爆炸，爆炸力就会大大加强，炸弹的重量就可以大大减轻。

华里斯最后设计了一种只有 4.2 吨重的桶形炸弹，这种炸弹不仅形状古怪，而且在落地后可以自转，因而可以钻进地层深处。他把这种奇怪的炸弹叫做"百货商店"。

1943 年 5 月 16 日，英军的兰开斯特轰炸机带着"百货商店"准备执行轰炸任务。轰炸是在夜间进行的。为了保证飞机能在预定的飞行高度投弹，一位飞行指挥官还创造了灯光定高法。就是在飞机的腹部前后各装一盏探照灯，当灯光角度不同时，两束光的交点离飞机的高度也不同。预先算好光的角度，当交点落在水面时，正好是那个高度。

兰开斯特轰炸机携带的"百货商店"炸弹，按计划从水库上游 400 米地方低空投下。这枚炸弹就像小孩在水里打水漂的瓦片那样，在水面跳跃着前进。它一直跳到大坝的顶部，由于它在前进中一直自转，所以具有一定的惯性力,当它碰到大坝时,会通过转向装置而沿坝壁垂直向下钻。钻到适当的深度,它就会自动爆炸。

当兰开斯特轰炸机投下"百货商店"后,就猛然拉起升高,飞越山谷,以避开德军猛烈的防空炮火。

"百货商店"在大坝深处爆炸,这时,爆炸将水库里的水掀起冲天水柱,水库大坝果真在爆炸中崩溃了。此时,只见 30 米宽的水流,像

炸弹舱门

飞机扔下炸毁大坝的"百货商店"炸弹

脱缰的野马一样,汹涌澎湃,奔流而下。接着,另一个大坝也在"百货商店"的爆炸中,得到了同样的下场。

由于大坝的破坏,水库的水一下子漫开了,使整个鲁尔工业区成为一片汪洋大海,德国重要的煤矿、石油工业生产停顿,给德国法西斯以沉重的打击。

这次轰炸的成功,首先要归功于设计师华里斯博士。同时也要归功于飞行指挥官基普逊少校。因为要准确地投掷炸弹,必须掌握准确的飞行高度和地点,具有超低空投弹的勇敢精神和出色的飞行技术,还要机智地避开敌人的炮火攻击。正因为如此,基普逊获得了维多利亚十字勋章。

44 "高个子"和"大满贯"

1944 年 6 月 8 日，第二次世界大战尚未结束，但英国已转入主动参战。英国轰炸机准备向法西斯德国索穆尔火车隧道投掷炸弹，以破坏德国的火车运输线。要知道，一般的炸弹只能在地面爆炸，要炸毁地下的隧道是不容易的。

然而，这次投掷的炸弹不一样，它竟可以钻到地下的隧道里。在这次轰炸中，共投放了 19 枚炸弹，终于把隧道的顶部炸塌了。

这是什么炸弹呢？原来这是一种新型的航空炸弹，叫地震炸弹。它投放到地上后，会钻到地下，然后在地下爆炸，它的作用就像发生了一次地震一样。

这种炸弹是上一篇文章中说到的英国飞机设计师华里斯在研制成功"百货商店"炸弹以后研制出来的。他把这种炸弹称作"高个子"，它的重量约 6 吨。有了它，不仅可以钻人地下去炸隧道，而且可以炸地下油库和潜水艇的船坞。

"高个子"轰炸隧道成功以后，英国又准备用它去炸毁德国的大型战舰"提尔毕兹"号。这艘战舰还是一艘潜艇，它长期躲在挪威的冰峡里，英国向它投掷 100 多枚普通炸弹，都没有炸沉它。这次该用"高个子"去试试了。

1944 年 11 月 12 日，32 架兰开斯特轰炸机带着"高个子"向"提尔毕兹"进行了轰炸，共投下了 11 枚炸弹，其中 4 枚在舰艇附近爆炸，2 枚命中战舰。德国剩下的唯一的这艘战舰终于在"高个子"的轰炸下，葬身水底了。

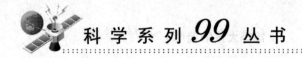

为了轰炸德国更为结实的比列费尔德旱桥，英国决定制造更厉害的地震炸弹。英国计划制造的新型地震炸弹重达 10 吨，并命名它为"大满贯"。英国对这种炸弹的生产极为保密，为了迷惑人，竟在弹体上涂上"锅炉"字样。

"大满贯"终于制造出来了。可是，当时最大的轰炸机兰开斯特只有 8.2 吨的载重量。它对 10 吨重的"大满贯"无能为力。于是，英国对兰开斯特进行了改装。改装后的特型轰炸机拆除了防御武装，以增加飞机载重量，当然，这样飞机在执行轰炸时，若遇到敌方的火力，会增加危险；同时，又将炸弹舱进行了修改，以使这枚 10 吨重的重磅炸弹能勉强装入机舱。

1945 年 3 月 14 日晚上，两架特型兰开斯特轰炸机，各带着一枚"大满贯"飞到了比列费尔德旱桥的上空。第一架轰炸机在 5000 米的高空投下了第一枚炸弹，爆炸结果是炸出了一个 10 米深、直径为 36 米的大坑。接着，另一架轰炸机也投下了炸弹。结果很理想，旱桥的 6 个跨段被炸毁。

后来，英国又用"大满贯"炸毁了德国法西斯的其他两处旱桥和涵洞。据统计，在整个第二次世界大战中，英国共投放了 41 枚"大满贯"。

兰开斯特轰炸机是英国 1942 年生产的远程轰炸机，它共有 4 台液冷式活塞发动机，它的时速为 462 千米，可以乘 7 名乘员。为了装载重磅炸弹，它除了以上的改装，还安装了 XIV 型新型轰炸瞄准仪。这种飞机后来还参与了轰炸柏林的大空袭，并因此而闻名于世。

45 "阿佛罗狄忒"空中大爆炸

在第二次世界大战中,法西斯德国使用了号称"最后武器"的 V1 导弹,来对同盟国进行攻击。当时,德国的导弹发射基地,设在法国西海岸的加来地区。盟军为了拔掉这个钉子,制定了一个"阿佛罗狄忒"行动计划,准备轰炸掉这个基地。

"阿佛罗狄忒"是希腊神话中的美神和爱神,意思是"从海水的泡沫中诞生"的意思。而这个行动的主要任务,就是使用海军反潜用的轰炸机来执行轰炸任务,也许这就是使用这位希腊神作计划名称的原因吧。

轰炸机是由美国康索利底德飞机公司设计和制造的 PB4Y 反潜巡逻机改装的。而 PB4Y 又是由 B-24 轰炸机改装的。1947 年 7 月提供给海军使用。它有一对平直式的上单翼,4 台螺旋桨发动机均匀地分布在机翼上。它的炸弹舱最多可以装 3600 千克炸弹。

由于德国的导弹基地特别坚固,所以经过改造的 PB4Y 已拆去了一切多余物件,以便装上比 12 吨 T.T 炸药威力还要大一倍的铝末混合炸药,同时,为了安全起见,飞机起飞由人驾驶,而执行爆炸任务时,驾驶员跳伞离机,由伴飞的母机实行无人遥控,并引导爆炸。

1944 年,刚从盟国海军反潜飞行联队退役的乔·肯尼迪,被选为驾驶 PB4Y 起飞执行任务的飞行员。他是当时前一任美国总统肯尼迪的哥哥,可见这项任务的重要了。

8 月 12 日,乔·肯尼迪奉命起飞,伴随着他的还有两架"冒险"式母机和 16 架 P-51"野马"式护航战斗机。PB4Y 按预定计划飞到了目标附近，当它用 150 海里的时速，飞完 18 分钟后，按时将操纵权交给了母机。这时，乔·肯尼迪已做完弃机前的一切动作，并向母机发出了"黑桃变红"的暗语，然后跳伞。在另一架机上的当时在任总统的儿子——埃利奥马·罗斯福海军上校，甚至还用相机拍下了乔·肯尼迪跳离 PB4Y 一瞬间的镜头。

可是，就在这一瞬间，意想不到的事发生了，PB4Y 还未到达目的地，飞行员还未脱离危险区，PB4Y 就在空中爆炸了。巨大的火球在空中翻滚，乔·肯尼迪连同那架 PB4Y，刹那间化作尘埃。这是当时战争史上最大的一次空中爆炸。"阿佛罗狄忒"行动宣告失败。

那么，PB4Y 为什么会不引而爆呢？当时进行了秘密调查，但专家们众说纷纭。最后，总算把原因集中到一处，那就是引爆的信号上。引爆应是由母机上发出的调频电波控制的，调频电波可以解除无人驾驶机上的爆炸保险装置而爆炸。可是，这架无人驾驶机机件不可靠，它被别的调频电波干扰而产生了错误动作，于是酿成了大祸。

这次行动计划的失败，带给美国海军深刻的教训，无人驾驶飞机固然是听从人的指挥的，但是如果给它安排的接收装置和给它的指挥指令不可靠，它就不会老老实实地听从人的指挥，而且会造成难以估量的损失。

46 "小男孩"和"胖子"带来的灾难

1945 年 4 月，苏联红军攻克柏林，法西斯头子希特勒自杀身亡。在远东，日本法西斯已经接近灭亡。但是，美国总统杜鲁门想尽快迫使日本投降，决定在日本投掷原子弹。

　　这个决定遭到了许多科学家的反对。著名科学家爱因斯坦首先提出，原子弹杀伤力太大，不能使用这种武器。主持原子弹实验的科学家也说，即使不用原子弹，日本也即将失败，这说明他们也不主张使用原子弹。

　　但是，美国政府已经铁了心，仍决定在日本广岛、长崎投放原子弹。为了迷惑日本，美国曾多次派出轰炸机 B-29 飞临日本上空，进行投掷训练，连续几天的飞行，使日本人民人心惶惶。

　　8 月 6 日上午 8 时正，3 架 B-29 轰炸机再次从提尼安基地起飞，很快飞到日本领空。这一次可不是训练了，在这 3 架飞机中，有一架装上了一颗 5 吨重的原子弹。9 时 14 分 17 秒，那架装载着原子弹的轰炸机飞临广岛上空，它瞄准了广岛市中心的一座桥。机械员钻进弹舱，给原子弹点燃引信，并打开了弹舱，原子弹立即从机上掉下。接着，驾驶员使飞机做了一个 150°的转弯，远离爆炸现场。

　　45 秒钟后，原子弹在离地面 600 米的空中爆炸。刹那间，白色闪光冲天，震耳欲聋的声音响彻云霄，巨大的蘑菇云冲天而起，一根根火柱吞噬着市区。可恶的爆炸，使 88000 人死亡，48000 幢建筑物被毁；

B-29 轰炸机向日本广岛和长崎扔下原子弹

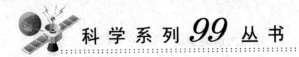

强烈的光线使成千上万人失明；有害的射线，在这之后20年内都会致人死于非命。

3天之后，又一架B-29轰炸机飞到了长崎，另一颗原子弹又落到了一个无辜的城市。这次爆炸，使6万人丧生。长崎成了有史以来，第二个遭受原子弹之害的城市。

这次执行轰炸任务的飞机B-29，是美国1943年生产的远程轰炸机。它是一种活塞式飞机，上面装有4台1617千瓦的发动机。它的载弹量可达9吨，速度为每小时576千米，可飞行5200千米。由于它速度快，航程远，载重量大，所以被称为"超级空中堡垒"。这种飞机的机舱是密封的，而且有增压设备，因此，经过改装后可以作为民航机使用。第二次世界大战后，民航机广泛采用了这项技术。

执行轰炸广岛任务的领队机长叫蒂贝兹，是一名上校驾驶员。为了纪念这次飞行，他曾经用他母亲的名字"爱诺拉·盖伊"来命名他的飞机。然而，这位母亲哪里知道，她的姓名竟被作为战争的"工具"呀！

轰炸广岛的原子弹重4.4吨。值得人们深思的是，那枚投向广岛的原子弹被起名为"小男孩"。而另一枚投向长崎的原子弹则被起名为"胖子"。人们会发出疑问："难道'母亲'会把'小男孩'和'胖子'从飞机上扔下去吗？"

原子弹带给日本人民巨大的灾难，直到今天，这种灾难还难以从人们的心中淡化。

47   不甘退役的"同温层堡垒"

1996年9月3日，在波斯湾水域停泊的两艘美国海军战舰，突然向伊拉克南部发射巡航导弹。与此同时，远在关岛的美国空军基地，两架 B-52 远程轰炸机也起飞了，它像是和海军密切配合，也向伊拉克首都发射了巡航导弹。这是美国继海湾战争之后，美国又一次动用 B-52 对伊拉克进行导弹攻击。

人们要问：美国既然有海军战舰停在伊拉克的"家门口"，随时可以就近发射导弹，对伊拉克进行"近程"攻击，为什么还要派飞机从美国本土出发，绕地球大半个圈子，老远地去攻击伊拉克的目标呢？

人们还要问：B-52 远程轰炸机早在 1955 年就开始服役，至今已经40 多年，已经"参军"近半个世纪了，为什么美国还要这位"老将"出马呢？

要回答这两个问题，得讲一讲 B-52 寻找"接班人"的故事。

B-52 是美国波音公司研制的巨型轰炸机。早在第二次世界大战前夕，波音公司就制成了有"飞行堡垒"之称的 B-17 轰炸机，它一口气可以从北非飞到前苏联西部。紧接着，又研制了 B-29，它最大航程达5300 千米，是当时航程最远的轰炸机，所以得到"超级飞行堡垒"的称号。

第二次世界大战后，美国通用动力公司推出了航程更远的"飞行武器库"B-36，它航程远达 16000 千米，成为第一代洲际轰炸机。

不久，新一代的重型喷气轰炸机 B-52 诞生了。1952 年首次试飞成功，就令人刮目相看了。它航程远达 20168 千米，创造了"长跑"纪录。它能在 16000 米的同温层飞行，所以得到"同温层堡垒"的美称。由于地面的防空火炮打不到它，所以它一直在空中耀武扬威几十年。

但是，在 20 世纪 70 年代的越南战争中，它却不时地被击落。原来这时已经有了长驱直入的"地对空"导弹，B-52 飞得再高也逃脱不了了。另外，B-52 的速度还没有超过音速，飞得也不算快。还有，由于带有雷达的预警飞机的出现，B-52 没有"隐身"性能，往往逃不过对方的"眼睛"。

看来，B-52 已经"衰老"了，美国五角大楼准备为它物色"接班人"了。然而，"交班"颇不顺利。首先，美国选定了洛克韦尔公司研制的 B-70，这种轰炸机速度高达音速的 3 倍，但是这种飞机因"不成熟"未被空军采用，第一次"交班"流产了。后来，洛克韦尔公司又研制了带有隐身性能的 B-1 轰炸机，它在对方雷达屏上显示的图像亮度只有 B-52 的 1/30，而且它的速度也快，接近音速的 2.2 倍。按说，用 B-1 代替 B-52 是很理想的了。但是，这次"交班"也未成功，原因是五角大楼刮起了一股用"导弹代替飞机"的冷风，不愿拨出巨款去生产费用极高的 B-1 轰炸机。就这样，B-52 一直在部队"超期服役"。

当然，B-52 也不是原封不动地等待"交班"。为此，有关部门对它进行了改型，让它"人换衣服马换鞍"，乔装打扮起来。它先后被改进而造出了 B-52A、B-52B、B-52C、B-52D、B-52E、B-52F、B-52G、B-52H 共 8 个型号，它们有的更换了发动机，有的减轻了结构重量，有的加大了航程，有的增加了电子设备。到海湾战争时期，又让它挂载了巡航导弹。这样，古老的 B-52 又焕发出青春了。

提起它挂载的巡航导弹，也是一再改进。开始，巡航导弹没有隐身功能，受到前苏联的新型"空对空"导弹、"地对空"导弹和具有俯视下射能力的"米格-31"战斗机的威胁。后来，美国又研制了新型的有隐身能力的巡航导弹。正是由于 B-52 加上了新型巡航导弹的作战搭配，才使 B-52 不甘退役，至今又出现在对伊拉克的攻击上。

48 飞机战导弹

在空间战斗史上，空对空的战斗中有飞机对飞机之战、导弹对导弹之战，却很少有飞机对导弹之战。然而，在第二次世界大战中，曾出现过飞机击落导弹的战例，而且使用的武器并不是枪炮等射击装置，而竟然是机翼！

这件事发生在 1944 年 8 月 4 日。在这之前的两个月左右，即 6 月 13 日，德国法西斯开始使用著名的 V-1 导弹攻击英国的伦敦等城市。V-1 曾被希特勒作为称霸全球的秘密武器，它的出现确实让英国大吃一惊，造成了一片恐慌。

英国当局面临着严重的威胁，那时没有"地对空"导弹，用高射炮打因速度低也无能为力，于是想用飞机去拦截。1943 年 3 月，英国格罗斯特工厂曾生产了一种"流星"式战斗机，这是英国在第二次世界大战中参战的第一种喷气式战斗机，代号为 F-1，时速为 675 千米。

英国首相邱吉尔命令，不惜一切代价，保卫伦敦。命令一下，英国皇家空军就开始行动。8 月 4 日，迪恩中尉奉命驾驶 EF-216 号"流星"式战斗机，巡航在英国南部顿布里奇上空。航行高度为 12000 米。不一会儿，迪恩在 3000 米的高度发现目标。他仔细一看，那目标像子弹，带着小翼——啊！那正是 V-1 导弹！

飞机向导弹靠近。那时，导弹刚问世，速度并不太快，时速仅 624 千米，算起来，"流星"式飞机每小时还要比它多飞 51 千米呢！

飞机终于逼近了导弹。迪恩对准导弹，迅速按下机炮按钮。但是，机炮发生故障，炮弹打不出去。眼看，阻击的对象就要在眼皮下溜过去，它没准又要落到哪一个英国的城市啊！

在这千钧一发之际，迪恩愤怒了，他决不能放过可恶的 V-1，一定要把它打下来。机炮不行了，用别的什么武器呢？总不能用手去揍它吧！这时，一个想法在他头脑里闪电般出现了，用飞机去撞击它。

于是，他小心翼翼地追上 V-1，悄悄地飞到 V-1 的下面，与 V-1 保持相同的速度，同步前进，V-1 毕竟是一种没有人驾驶的导弹，它不可能发现有东西跟着它，它还在自顾自地按预定的航线飞行着。这时，迪恩慢慢地将飞机往上抬，把一只机翼垫到 V-1 的尾部弹翼下面。接着，迪恩猛地压下驾驶杆，机翼突然往上一扬，V-1 导弹的尾部被机翼往上

一掀，就失去了控制，于是朝地面扎了下去，坠毁了。

迪恩用自己的沉着和智慧，给 V-1 导弹一个意想不到的打击，也给赫赫有名的 V-1 导弹一个响亮的耳光。不可战胜的秘密武器终于被击落了。这一战果鼓舞了其他飞行员，他们纷纷效法迪恩的做法，接着另一些 V-1 导弹也纷纷落马了。希特勒企图使英国屈服的阴谋破灭了。

49　木制飞机创奇迹

在第二次世界大战期间，德国法西斯头子希特勒，为了称霸世界，早就想使用原子弹。在研究原子弹的人员中，有一个名叫伊尔斯·博赫尔的科学家。

博赫尔特别崇拜电影明星，特别是主演《安娜·卡列尼娜》的格丽达·嘉宝。当时德国研制原子弹的基地设在北欧的丹麦，北欧的反法西斯地下组织获得了博赫尔在研究原子弹的情报，又了解到博赫尔是嘉宝的崇拜者。地下组织还得知嘉宝是反对法西斯的。于是，地下组织要嘉宝设法说服博赫尔，不要为法西斯卖命。

嘉宝就利用一次演员和观众见面的机会，给博赫尔捎去一封请柬，邀请他相见，博赫尔如约来到一个僻静处，嘉宝当面动员他"决不向灭绝人性的纳粹泄露原子弹的秘密，不做历史的罪人"。博赫尔十分崇拜嘉宝，相信嘉宝正如她演的角色那样诚挚，于是听了她的话。这时，嘉宝就教给他一个逃离希特勒魔掌的办法。

于是，在嘉宝的安排下，博赫尔在丹麦首都哥本哈根秘密乘坐了一架英国皇家空军的蚊式轰炸机，逃出丹麦，来到英国，使第二次世界大战中的德国未能使用原子弹。

木质层板

德国科学家接受建议不为法西斯研制原子弹

在哥本哈根的斯赫尔大楼，设着德国法西斯驻丹麦的秘密警察盖世太保的总部。丹麦的反法西斯抵抗战士将博赫尔送走后，决定摧毁这个大楼。英国皇家空军经过长期的考虑后，同意了抵抗战士的要求。

1945 年 3 月 31 日，英国空军恩布里少将驾着蚊式轰炸机，带着 18 架蚊式轰炸机和 28 架护航用的"野马"战斗机，从英国诺福克机场出发，直飞丹麦。当时正值冬季，飞机为躲过德国的雷达，所以沿着北海海面低空飞行。11 时 45 分，飞机在离地仅 50 米的超低空，冲向哥本哈根。驻在哥本哈根的德国法西斯竟一点也未发现，盟军的飞机扔下炸弹，成功地炸中了斯赫尔大楼。

关在大楼顶部的 32 名反法西斯抵抗战士，除 6 人死于大火中之外，其他战士都幸运地逃出了火坑。

在这两次行动中，都动用了蚊式飞机。大家恐怕没有想到，蚊式飞机竟是一种木质飞机，它装有两台 1202 千瓦的螺旋桨液冷发动机，是英国在第二次世界大战中最成功的飞机之一。它的主要功能是执行轰炸任务。在摧毁斯赫尔大楼法西斯总部的行动中，它立下了汗马功劳，完成了它的本职工作——轰炸任务；在帮助博赫尔出逃的工作中，它又完成了另一种任务——运输人员。蚊式飞机时速达 613 千米，可以说是一种多功能的作战机，它除了用于轰炸，还可以用于运输、照相、侦察等。事实上，在第二次世界大战后，许多民用运输机和民航机，都是用轰炸机改造而成的。

蚊式飞机作为一种早期军用机，现在已进入了博物馆。它虽然是一种原始木质飞机，但在反法西斯战斗中，却立下了汗马功劳。

50　飞机的"血"冻住了

1941 年 9 月，第二次世界大战开始不久，德国法西斯已经逼近列宁格勒，情况万分紧急。此时，苏联防空部队打下了一架德国"米塞尔"飞机。

这架飞机掉在列宁格勒应用化学学院附近，损坏不很严重，有许多人跑来观看。在围观的人中，有一个人是学院里的实验员，他将这一消息告诉了学校里的高级研究员谢苗诺夫。

谢苗诺夫来到飞机跟前，他发现机身旁流着许多液体，就用手捧了一些闻了闻，知道这是汽油。汽油是他研究的对象之一，因此，他叫实验员去找来一些瓶子，装一些汽油回到实验室去化验。

化验结果，他发现德国飞机使用的汽油是用劣质煤合成的，表明德国目前还没有用较先进的石油来合成汽油。用煤合成的汽油有个缺点，低温性能不好，到零下 14℃就会凝固。谢苗诺夫看到化验结果，顿时想出一条打击德国法西斯的妙计来。

他带着计划走进了列宁格勒方面军的司令部，司令部的空军主任工程师阿椿耶大接待了他。谢苗诺夫对工程师说，为了打击法西斯空军，他睡不好觉，通过对德国飞机燃油的化验，发现他们的飞机在夏秋季使用，性能是好的，但是在冬季就不行。因为冬季气温降到零下14℃时，他们的汽油就会凝固，这就好比飞机的血液被冻住了，发动机就开动不起来。现在眼看就要到冬季了，选择气温低的季节对德国飞机进行攻击，德国飞机将会像死了一样，坐以待毙。

工程师把这个计划报告给司令员。司令员诺维可夫不放心。他想，到那时万一德国的飞机改用了先进的汽油，不就落空了吗！他不能冒这个险。等到冬季即将来临之时，司令员叫来了侦察处处长，对处长说："你能到敌人机场搞一点敌人的航空汽油吗?"

处长说："我们有地下工作者在敌人机场，油可以搞到，不过不能装在瓶子里，那样会暴露的。"

司令员点燃一支烟，在想办法。阿格耶夫工程师拿出打火机准备点烟。这时，侦察处处长跳了起来，叫道："有办法了，可以用打火机去取汽油，这样敌人不会怀疑。"

办法想出来了，于是司令员做出决定，在打击敌机的战役开始之前，必须弄到足以供化验用的敌机汽油。

很快，10个打火机从前线转来了，这里面装的正是敌机用的航空汽油。研究员谢苗诺夫得到4个装有汽油的打火机，经过化验，证明敌机用的仍然是用煤合成的劣质汽油。这时苏联的气温已经降到零下15℃，因此实际上它已经凝固了。

11月16日，列宁格勒方面军发出了攻击敌机的命令。歼击机和强击机压制住了敌人机场的火力，向敌机发起了猛烈地攻击。敌机即使憋足了劲，但终于因"血液"被冻住，而躺在地上飞不起来，一架架成了炮灰。

这一天，苏联空军对德国占领的许多空军机场都进行了攻击，使苏联航空兵在列宁格勒前线第一次掌握了制空权。你看，胜利的秘密竟在不起眼的油料里！

51 孤注一掷的"自杀"飞机

1945 年 3 月，第二次世界大战接近尾声。美国海军派了一支航空母舰，到达日本海。从舰上出动了上千架次舰载战斗机，攻击了日本在九州和四国的航空基地，胜利而归。

日本为了报复美国的攻击，也派出 18 架攻击机和 22 架零式战斗机，来袭击美国的航空母舰。美国舰队负责人克拉克少校马上率领 50 架 F6F 式舰载机前去拦击。其中一半飞机由克拉克直接带领，去拦击日本零式战斗机；另一半飞机则由米切尔带领，去对付日本攻击机。

在这场战斗中，米切尔发现，这次日本出动的攻击机与过去的有点不同。第一点不同是它的速度变慢了，转弯也不灵活，时速由 426 千米降低到 396 千米左右；第二点不同是它的腹部挂了一件像小飞机似的东西。米切尔在追击它时，它就抛下这只小飞机，让这小东西掉入海中。

在这次攻击战中，美国取得了胜利。在不到 20 分钟的时间里，共击落日本零式战斗机 11 架，攻击机 18 架，而美国只损失 1 架和伤了 1 架飞机。

即使在胜利的时刻，米切尔上尉仍不明白：那攻击机抛入海中的到底是什么东西呢？后来才明白，那是日本制造的自杀飞机，也有人称它为"人弹"。

这种小飞机从外形看，像枚有翼的炮弹。它并不是用自动驾驶仪驾驶的无人导弹，而是一种带炸药的有人驾驶的滑翔式炸弹。整个弹长 6.07 米，翼展为 5.12 米，是木质的。中部为驾驶员的座位，头部是一颗 1200 千克的炸弹，后面有一台推力为 800 千克的火箭发动机，总重

从攻击机扔下的小飞机原来是"自杀飞机"

2100千克。它的时速可达876千米，一般是从3500～4000米的高度投放出来，可以飞行37千米的航程。由于攻击机吊了这么重的一件东西，所以飞起来就笨得多了。

日本制造的这种自杀飞机，驾驶员是由敢死队员担任，它的任务是与攻击目标同归于尽。难怪有人把这种飞机称作"人弹"哩，因为攻击时驾驶员是不能跳伞的。当飞机头部的引信触及目标后，炸弹就会爆炸，而驾驶员也一起同归于尽。

就是这样一种残酷的飞机，日本军国主义者却给它起了个动听的名字——"樱花"。此外还生产了取名"桔花"和"飞燕"的同类型武器。"樱花"的驾驶员都是按武士道精神选拔出来的青年飞行员。由这种敢死队员组成的空中特攻队被命名为"神风"攻击队。日本军国主义者为了挽救灭亡的命运，竟孤注一掷，于1944年开始使用这种惨无人道的飞机，怪不得当时美国人把它称作"八格"，这个词在日文中的意思是"混蛋"。

在这次攻击战中，运载"八格"的攻击机全部完蛋，它们运载的

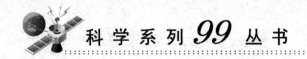

"八格"也一一掉入大海,没有动到对方飞机的一根"毫毛"。"自杀"飞机真自杀了,但它们没有挽回日本军国主义的败局。

52 跑在声音的前面

飞机刚出现时,速度低得可怜:大约每小时只有 13 千米,比步行快不了多少。但是随着动力和结构等的改进,速度越来越快了。到 1939 年,速度上升到每小时 755 千米。

可是速度升到这个程度后,再也升不上去了。在第二次世界大战前后,有许多飞行员为了突破这个速度记录,纷纷以失败告终,有的甚至为此献出了生命。什么原因?经过航空学家反复研究,原来遇到了障碍——音障。当时飞机是螺旋桨式的,当这种飞机速度达到每小时 755.138 千米时,螺旋桨桨叶尖端速度就会比声音速度还快。声音在空中传播速度约为每小时 1200 千米。飞机以这个速度飞行时,声波会在飞机前堆积起来,成为一堵"声波墙",阻止飞机前进,这就是音障。

有人宣称:"音障是克服不了的障碍!"真是这样吗? 1947 年 10 月 14 日,美国飞行员耶格尔上尉决心向这个障碍冲击。

试验在美国加利福尼亚州莫若克机场进行,这里是美国高速飞机的秘密试验场。机场上停着一架巨大的 B-29 轰炸机,号称"超级空中堡垒",上面装有 4 台螺旋桨发动机,载弹量可达 10 吨。但是,今天它机身下的弹钩上挂的不是炸弹,而是一架外形奇特的小飞机 X-1。

X-1 是美国研制的火箭试验机,用火箭发动机作动力。它看上去像一枚子弹,尖尖的身子长 9.45 米,高 3.36 米。长长的平直翼,翼展 8.55 米。

飞机速度超过音速时，会产生音障

试飞开始了。耶格尔穿着像潜水员那样的抗荷服和B-29驾驶员们一起，登上了轰炸机。B-29纽带着X-1起飞了。当飞到3050米高时，耶格尔和B-29驾驶员一一握手告别，然后顶着高空气流爬进了X-1的驾驶舱。

高度达到7800米！B-29进入俯冲，此时X-1突然脱离B-29，借着B-29给它的初速度，猛冲而去。接着，耶格尔把飞机拉平，然后点燃X-1的4台火箭发动机。X-1是用液氢和酒精作燃料，推力为2700千克。当4台发动机一一启动后，飞机速度迅猛加速，像利箭似地向前冲去。

速度在不断上升，从声速的0.8倍、0.9倍一直逼近声速。发动机启动后，1分28秒，速度表已经指向声速。啊！终于突破了音障。耶格尔来不及欢呼，飞机速度还在上升。等发动机燃料全烧完时，已经达到声速的1.06倍。这时，耶格尔才开始返航！当他在人们的欢呼声中着陆时，他才叫出："啊，声速还是可以超过的。"就这样，耶格尔成了世界上第一个突破音障的人。

这次突破音障的成功，第一借助了B-29的初步加速；第二依靠了

X-1 火箭飞机的再加速！这实际上是一种"多级"式串联加速，严格地说，它的成功不是单架飞机完成的。还有，火箭飞机不能长期飞行，所以这种飞行没有实用价值。但是，这次实验性的飞行意义却是极其伟大的，它宣告了"音障不可突破"神话的破产，解放了人们的思想，为制造实用型超音速飞机打下了基础。

53　没有洞的"风洞"

F-104 是美国洛克希德公司生产的一种超音速战斗机，也是世界上第一种在水平飞行中速度超过音速两倍的飞机，这种飞机曾经创造了一系列速度和高度的飞行纪录。可是，这种飞机却是用"土办法"设计出来的。

第二次世界大战后，飞机进入"喷气"时代，美国迫切希望造出一种高速的战斗机。这个任务落到著名的飞机设计师凯利·约翰逊的肩上，当时设计的指标为两倍音速。

约翰逊接受任务后，开始设计各种形状的机翼，然后拿到风洞里去试验。风洞是一种产生高速气流的密封管道。将各种飞机模型放到风洞里，然后产生高速的气流，观察模型在气流中的受力情况。这是一般新飞机设计的必要步骤。

可是，当约翰逊把他设计的机翼缩小装到模型飞机上时，发现了一个问题：美国当时没有高速风洞来供他做试验。

约翰逊想，不能等高速风洞建成以后再来设计高速飞机，必须想别的法子。想来想去，他终于想出了个点子。于是，他来到首都华盛顿，找到国防部的一位高级官员。

他对那位官员说："你们要我设计超音速飞机，可是没有超音速风洞。"官员说："我能帮什么忙呢?"约翰逊回答："请给我一批火箭，就是战场上发射的那种直径5英寸的火箭。"官员痛快地答应："那好办!"

约翰逊回到飞机工厂，460枚5英寸（相当于127毫米）口径的火箭也运到了。工厂里的人看到火箭，总是提心吊胆的，担心它们随时会爆炸。

约翰逊不慌不忙地指挥人员，把火箭运到远离人烟的沙漠去。他把试制的50多种机翼模型带到沙漠，分别装在各枚火箭上。然后装上遥控、遥测装置，一一发射到空中去。

一枚枚带着新设计的机翼模型的火箭，以每小时2400千米，也就是两倍音速的高速度，射上了空中。各种仪器记录了它们的飞行数据。从这些数据中，约翰逊终于找到了最理想的机翼形式：一种薄得出奇的"刀片机翼"。

约翰逊用这种机翼，很快设计出了速度达到音速两倍的战斗机F-

利用高速火箭代替风洞实验是个好主意

104。这种战斗机机身尖尖的，就像试验用的火箭，机翼又短又宽，非常薄，平直地伸在机身两侧，翼展只有 6.68 米，而机身长达 16.69 米。它从 1951 年开始试制，到 1958 年就开始装备部队，后来又进入市场，出口到 15 个国家，成为世界有名的战斗机之一。

约翰逊试验这种飞机机翼的方法，的确别开生面，因为火箭在空中高速飞行，就相当于模型在高速风洞中一样，会受到高速气流的作用。这种没有洞的"风洞"，的确是一种别出心裁的思路。

54   氢弹从飞机上掉下

1965 年 1 月 15 日，在西班牙比利亚里科斯村上空，美国的 KC-135 空中加油机准备对美国的 B-52 轰炸机进行空中加油。加油机飞到轰炸机上空，以便将油管和下面的轰炸机对接。

万万没有想到，当加油机往上飞时，不幸与轰炸机相撞。顿时，被撞的轰炸机爆炸起火，很快变成一团火球，向下坠落。与此同时，加油机也摇摇摆摆向前冲去，不久，它也开始解体，散落在空中。这一严重的事件发生在 9420 米的高空。

事件发生后，从两架飞机上飘出许多五颜六色的降落伞。仔细看去，那是逃命的飞行员。然而人们不会知道，从天上落下的，不只是碎片和人，还有十分危险的东西，那就是威力无比的氢弹。

原来，在 B-52 轰炸机上，携带着 4 枚氢弹。要是它们在空中或地面爆炸，那将产生难以想象的后果。要知道，这架轰炸机属于美国战略空军戒备部队，它天天在空中巡航，准备一旦美国或其盟国遭到核打击时，它能立即用氢弹去攻击对方的目标。而现在，事故发生在非战争的情况下，而且是在美国的盟友西班牙的上空，如果发生核爆炸那可不好交代呀！

美国当局得知事故后，当即向西班牙进行了通报，而且马上派空军运输机载着核事故调查队成员，前往出事地点调查。

美国当局叫人们放心，氢弹不会轻易爆炸，因为氢弹的结构是十分严密的，必须谨慎地操作才会爆炸。首先，得由总统通过身边的黑匣子发出"开战"指令，而且这个指令只能由声音的形式传递，而不能通过其他方式传递，以免造成闪失。还有，要起爆氢弹，必须施加均匀的力量等。

尽管这样，对这4枚氢弹也决不能等闲视之，因为此事暴露在光天化日之下，将产生极严重的政治影响，估计一些敌对国家会因此而掀起反美浪潮。为此，美国当局下令，必须尽快找回这4枚氢弹。

经过仔细的搜索，终于在海边附近的一条干河床旁，找到了第一枚氢弹，而且它完好无损。几小时以后，一架直升机在一座公墓后面的田野上，找到了第二枚氢弹。接着，又在一片西红柿梯田上，找到了第三枚氢弹。这3枚氢弹尽管受到破坏，但还未到达爆炸的程度。

在地图上仔细分析，氢弹可能落在何处

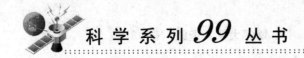

寻找第四枚氢弹十分费劲。后来根据一些线索，估计已经掉进了附近的海中。经过 3 个月的海底搜索，最后果真发现了那枚氢弹，并将它打捞了上来。

氢弹找到了，一场事故总算没有演变成更可怕的事件。但是，它却留下了深刻的教训。B-52 是美国 1954 年生产的远程轰炸机，号称"同温层堡垒"，具有战略作战的重要作用。KC-135 是用波音 707 客机改装的加油机，主要为战略轰炸机加油。空中加油是一种技术性很强的飞行作业，要求飞行员必须有高超的技术，要高度协调，否则将难以完成任务。这次事故，确实给美国有关部门敲起了警钟。

55 鬼使神差的"鞭挞者"

"鞭挞者"是苏联变后掠翼歼击机米格-23 的外号，是苏联第一种重型战斗机。这架飞机是 1973 年开始装备部队的。1989 年，这种飞机曾出现一件世界飞行史上史无前例的奇闻。

这一年的 7 月 4 日，在波兰北部靠近波罗的海的城市科沃布热克。市郊机场驻扎着苏联一支空军部队，这天正在进行例行的飞行训练。

上午 7 时 18 分，苏联一级飞行员斯库里金上校驾驶着一架米格-23 飞上了天空。那天天空万里无云，是一个很适合飞行的好天气。飞机不断爬升，但是，当爬升到 150 米高度时，斯库里金听到爆炸声，这声音发生在发动机进气口处。接着，发动机转动不正常，推力下降了。

米格-23 飞机只装有一台双转子的涡轮喷气发动机，现在这台发动机出现故障，情况就严重了。斯库里金当即向地面报告，地面指挥部命令飞行员跳伞弃机。弃机是飞行员保命的一种不得已的措施，军令如山，斯库里金不得不以损失一架战斗机的代价，保全自己的生命。

当飞机降到100米的高度时，斯库里金被弹射了出去，接着打开了

跳伞的飞行员发现无人驾驶的飞机仍在飞行

降落伞，他知道自己是得救了。但是飞机呢？他看到飞机继续朝波罗的海飞去，他估计，不久发动机将停车，飞机将失去动力而葬身大海。

但是，奇迹出现了，飞机不但没有往下掉，反而自动升高，然后转了个弯，向西南飞去。这真是鬼使神差，是什么东西在操纵飞机呢？

飞机不断往前飞，看上去根本不会相信机上没有人，它是那样正常地飞着。它越过了波兰领空，然后进入前民主德国。7时40分，它又从前民主德国飞入前联邦德国。驻在前联邦德国汉堡附近的北约组织雷达站发现了这架飞机，火速向北约军事指挥部报告。指挥部命令美国驻在荷兰的飞机前去拦截。这时米格-23已飞到荷兰上空，美国两架F-15战斗机迎了上去，到空中一看，是前苏联战斗机，但是没有发现飞行员，也没有看到机下悬挂导弹。于是，F-15没有开火，而是尾随跟踪着。

很快，米格-23进入到比利时上空。这时，飞机速度降低了。8时37分左右，它已经力不从心了，最后坠落到布鲁塞尔西边一个小村

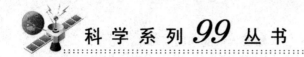

庄上。

从波兰到比利时，这架无人驾驶的飞机总共飞越了 5 个国家，飞行了 900 多千米，真是不可思议！

有人也许会说，这架飞机可能是一种可以远距离控制的遥控飞机吧？不是。或许它是一种在机上装有数字电脑程序控制的无人驾驶飞机吧？也不是。

那么，到底是怎么回事呢？这个谜至今还未解开。有一种分析是，虽然那架飞机发动机发生了故障，但没有损坏，可能是碰到不稳定的气流。当飞行员弃机后，气流又正常了，所以飞机发动机继续工作。在飞行员跳伞前，他可能打开了机上的自动飞行控制系统，致使飞机能自动上升而稳定飞行。直到燃油耗尽，最后才不得不落到地面。

56 "雄猫" 和 "不死鸟" 引起惊慌

1976 年 9 月 14 日，北约组织的各国海军正在英国西北部的大西洋上进行联合军事演习。下午 2 时 15 分，一架美国 F-14A 歼击机，正从美国 "约翰·F. 肯尼迪" 号航空母舰上起飞。飞机向甲板前部的弹射器滑行而去，但是不知为什么，飞机突然失去控制，没有按预定的地点起飞，而是向大海冲去。一场事故即将发生，驾驶员在一切措施都无济于事之后，果断地迅速跳出飞机。不听使唤的飞机一头栽进了大海之中。

这是一件不寻常的事故，它立刻惊动了远在美国的五角大楼，要知道，F-14A 可是美国当时海军最先进的歼击机。而更为糟糕的是，机上携带有美国 6 枚绝密的 AIM-54A 型 "空对空" 导弹。

"雄猫"战斗机载着"不死鸟"导弹一同坠海，引起美国国防部一片惊慌

真是祸不单行，恰巧那时，苏联的 5 艘驱逐舰和数艘潜艇也在那个海域。要是飞机被他们抢先打捞走，可就麻烦了。

五角大楼火速命令，不惜一切代价把 F-14A 和导弹打捞上来。由于水深达 600 米，能见度低，只靠救险艇打捞无能为力。于是，美国特派 R-1 型潜艇前来协助。但是，R-1 也是出师不利，接连打捞几次，都因缆绳绷断而失败。而且，在后来一次打捞中，竟发现 6 枚导弹从飞机上消失了。

要知道，这种导弹每枚造价高达 50 万美元，如果丢失非同小可，落入苏联人手中，后果更不可想像。五角大楼为此慌乱得像捅了马蜂窝。幸亏不久，在海底搜索到了这些导弹。原来它们是在打捞过程中，从导弹架上滑落了下来。

10 月 31 日和 11 月 11 日，美国费了九牛二虎之力，用声纳仪器、探照灯、潜艇，加上救险艇，总算把导弹和飞机分别打捞了上来。但是

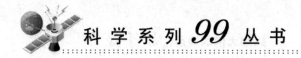

为此，美国已经付出了 240 万美元和 58 天的时间。

那么，事故的原因是什么呢？据说是战斗机上的动力调节阀失灵。

F-14A 是一种超音速舰载战斗机，它与美国的 F/A-18 型和法国的"超级军旗"是当时最有名的三种舰载战斗机。它的动力系统为两台加力式涡轮风扇发动机。

为了适于在舰上安家，它采用变后掠式机翼，它的尾部挺立着一对垂直尾翼。机翼后掠角可以从 20°变到 75°。整个机长 18.89 米，机翼伸开长为 19.45 米，而收起后只有 10.15 米。它的速度可达到声速的 1.2 倍。机身下有 4 个挂架，机翼上的固定段也各有 1 个挂架，所以总共可以挂 6 枚导弹。

F-14A 有个绰号叫"雄猫"。它最引人注意的地方是，将雷达与导弹配合，可以跟踪 24 个目标，攻击 6 架敌机，攻击范围达 160 千米。F-14A 装载的 AIM-54A 型导弹外号叫"不死鸟"。冲这"雄猫"和"不死鸟"的外号，也可以看出这种飞机和导弹的厉害，难怪美国国防部对 F-14A 掉入海中如此惊慌失措哩。

57　为百事可乐做广告的战斗机

1995 年 10 月，美国著名饮料生产商——百事可乐公司，在电视里播放了一条不同寻常的广告。广告声称：该公司正在进行一种有奖"集点活动"。凡是百事可乐的忠实消费者只要购买一定数量的百事可乐，收集到足够的点数就可以获得相应的奖品。收集 80 个点，可以得到一件 T 恤衫。收集到 400 个点，可以得到一件牛仔茄克。收集到 700 万个点，竟可以得到一架 AV-8B 鹞式垂直起落战斗机。为了增加广告的吸引力，电视中还放映了一个小百事可乐迷乘鹞式垂直起落战斗机从空中降到学校中的画面。

一般观众对这一广告并不以为然，因为要喝掉 1680 万罐百事可乐，才能收集 700 万个点。而广告规定，要在一年之内完成这件事才行。那么，这就意味着，每天要喝 4 万多罐百事可乐，才能攒够得到鹞式垂直起落战斗机所需的点数。要做到这一点，几乎是不可能的。

不过，百事可乐公司还留给百事可乐迷一个盼头：只要消费者已经拥有 15 个点，就可以用 10 美分去买 1 个点，来凑够所缺的点数。

美国西雅图一个学经济的大学生约翰·伦纳德看完广告后，算了一笔账。按这个价格去买点，那么只需花 70 万美元就可以买到 700 万个点，从而得到一架鹞式垂直起落战斗机。而一架鹞式垂直起落战斗机的价值在当时是 3380 万美元。

这可是一个赚钱的好机会，约翰·伦纳德决心一试。为了防止百事可乐公司反悔，他请了律师，并找到了 5 位出资人借钱给他。1996 年 3 月 28 日，他带着 15 个点和买 6999985 个点的支票，来到百事可乐公司，要公司兑现一架鹞式垂直起落战斗机。然而，百事可乐公司发言人却说："奖励鹞式垂直起落战斗机仅仅是一个玩笑。"约翰·伦纳德不服，向法院状告百事可乐公司。

我们且不去追求这场官司的结局，我们来看看那架价值 3 千多万美元的鹞式垂直起落战斗机到底是什么飞机？

鹞式垂直起落战斗机是英国霍尧·西德利公司 1957 年研制的一种新型战斗机，它是一种喷气式战斗机，最大平飞速度为每小时 1186 千米。它和一般飞机飞行方式最大的不同是，它既可以像一般飞机那样，在跑道上平起平落，又可以像直升机那样垂直和短距离内直上直下。这是世界上第一种实用的垂直-短距起落式飞机。

那么，这种飞机为什么能直上直下呢？难道它像直升机一样，"头"上也有一副旋翼吗？没有。它直上直下的原因是装了一种喷管可以转动的"飞马"式喷气发动机。当喷管处在水平位置时，就可以平飞；而当

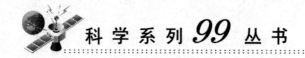

喷管处在垂直位置时，就可直上直下。

垂直起落飞机，目前只有英国和前苏联制造出来了，而鹞式飞机则是世界上唯一广泛装备了部队的垂直起落战斗机。1967 年苏联也研制了雅克-36 垂直起落机，但未实用过。

鹞式飞机的优点是机动灵活，中低空格斗能力强，所以常用来支援地面作战。

1969 年以来，美国海军陆战队从英国订购了上百架鹞式飞机，美军给它编号为 AV-8A。为了使这种飞机能携带更多武器弹药，增加活动半径和航程，美国对鹞式飞机进行了改进，并将改进型的鹞式飞机编号为 AV-8B。英国对 AV-8B 做了一年多的鉴定，认为它确实比原机优越，又决定进口美国的 AV-8B，这种"出口转内销"的现象，在航空史上是少见而值得一书的。

最后，还要附带提一件事。我国刚开始翻译鹞式飞机名称时，把它译成"猎兔狗"，令许多人莫明其妙。后来经一位动物学家指正，才译成了这个形象化的，而且合情合理的名字。

58   "天龙星"的命令

1960 年 5 月 1 日清晨 5 时 30 分，苏联防空军接到警报：一架来历不明的飞机，正越过苏联南部边界，从高空向乌拉尔飞来。这是一架什么飞机？为什么要选择这个日子飞到苏联的领空？

这一天正是"五一"劳动节。苏联总理赫鲁晓夫正站在莫斯科红场的检阅台上。他接到报告后，心里十分不安，于是把也在检阅台上的苏联防空军司令比留佐夫元帅叫到跟前，叫他停止检阅，命令他回去赶快把情况弄清楚。

10时，游行的队伍仍在红场上行进。比留佐夫兴奋地回到了检阅台上，报告赫鲁晓夫："那是一架美国的U-2间谍飞机，已经被苏联导弹部队击下来了。"赫鲁晓夫高兴地与元帅握手。但是，他不知道，在击落U-2的战斗中，苏联付出了血的代价。

原来苏联防空军并不知道那是架美国的间谍飞机，只知道这架飞机飞的高度不寻常，大约是飞在20000米以上的平流层中。当时，苏联一架新出厂的苏-9截击机已从工厂飞出来，驾机的是加米金大尉。这种飞机在当时是苏联最先进的战斗机，可以飞到20000米高空。因此，苏联防空军当机立断，向加米金发布了代号为"天龙星"的命令："消灭目标，撞掉它！"

"天龙星"是苏联防空军歼击航空兵司令萨维茨基的代号。虽然苏-9未做任何战斗准备，也没有带武器，飞行员既没有穿高空飞行用的代偿服，也没有戴氧气瓶，但是，军令如山，加米金只好开足马力，向高空冲去。遗憾的是，由于苏-9速度太快，一下子飞到U-2前头去了，错过了良机。等他降低速度时，再也飞不高了。苏-9没有完成任务。

与此同时，苏军另外两支部队又接到了同样的命令。一支是防空军歼击航空兵某部队，飞行员阿依瓦江大尉和萨弗洛诺夫上尉奉命驾驶米格-19战斗机前去迎战。米格-19的实用升限最高为17900米，也许能打到那架间谍飞机；另一支接到命令的部队是苏联某防空导弹团。

几乎是在同时，米格-19和导弹都向间谍飞机飞奔而去。不一会儿，导弹指挥所的雷达屏幕上显示一片干扰信号，军官们认为这是敌机发出的干扰信号引起的。所以，又不断发出了第二枚、第三枚导弹。

在空中，阿依瓦江在盘旋搜索中，发现一块不寻常的云彩，为了避开这朵云彩，他只好向下俯冲。他没有想到，那不寻常的云彩竟是自己的战友萨弗洛诺夫飞机的碎片。原来，萨弗洛诺夫的飞机已经被某防空导弹团的一枚导弹击中，他不幸牺牲在自己的导弹之下。

而那架间谍飞机呢？其实，它早已被苏联的第一枚导弹打下来了。

苏联防空军命令消灭进入前苏领空的美国 U-2 高空侦察机

至于雷达屏上出现的干扰信号，正是被后发的导弹击中的萨弗洛诺夫的飞机碎片造成的。这是在紧急情况下瞎指挥造成的不应发生的重大损失，血的教训。

那架间谍飞机被击落后，机上的飞行员鲍尔斯跳伞了。当他被俘后，苏联才知道那架飞机就是美国的 U-2 高空侦察机。这种飞机早在 1954 年就设计出来，能在 24000 米高空飞行，只是当时苏联还不知道它的设计秘密。这种 U-2 高空侦察机，到现在它还保持着单发动机的飞机飞行高度的记录。

有趣的是，事过 36 年，到 1996 年，一位前苏军飞行员竟出来揭示历史的真相，声明当时美国的 U-2 飞机不是被苏联的导弹击落的。虽然地面导弹部队确实朝 U-2 侦察机发射了导弹，但是由于导弹导航出问题，没有击中敌机，反而击中苏方自己的米格-19。那么，U-2 飞机是怎么掉下来的呢？是被苏-9 飞机撞落的。苏-9 飞行员利用当时空中的高速气流和飞行特技，撞坏了 U-2 飞机的机翼，使敌机坠落。

U-2 飞机飞行员鲍尔斯被俘后，以间谍罪被苏联当局判处 10 年徒刑。1962 年 2 月，在美苏互换间谍时，美国政府用在押的苏联特务阿贝尔换回鲍尔斯。鲍尔斯回到美国后，于 1977 年死亡。

更有趣的是，关于这次击落 U-2 侦察机事件，还有一个传说。

U-2 飞机被击落后，令美国政府伤透脑筋，是什么秘密武器把它击落的呢？是苏联的米格战斗机吗？不，米格战斗机飞不到 20000 米的高度。那么是导弹吗？也不是，苏联当时根本没有这么高射程的导弹。

因此，美国国务卿杜勒斯断言：U-2 飞机那天没有飞到 20000 米的高度，所以被米格战斗机打下来了。鲍尔斯则声称，他看清了高度表，指针的确指在 20000 米的高度。

那么，到底是什么秘密武器打下了 U-2 呢？这个秘密后来被一个变节的苏联间谍平可夫斯基透露出来了。原来那"武器"竟是苏联的特务机构"克格勃"。

1960 年 4 月，苏联总理赫鲁晓夫为了在高级会议上对付美国，决心搞到一架 U-2。为此，他派人特地找到了克格勃总部。克格勃经过一番精心策划，制定了一项智取 U-2 的方案。

当时，美国的 U-2 飞机是在巴基斯坦的白沙瓦机场起飞的。于是，克格勃在阿富汗买通了一个叫穆罕默德的帕坦族飞行员。由于帕坦族人和巴基斯坦人有亲缘关系，所以穆罕默德轻易地混进了巴基斯坦的白沙瓦机场。

机场上正停着美国的 U-2 飞机。深夜 2 时，穆罕默德钻进了 U-2 的驾驶室，找到仪表板上的高度表表壳。这块表壳用 4 个小螺丝拧在仪表板上。他按预先安排好的指示，拧下右上角一个螺丝，然后换上准备好的、同样形状的另一个螺丝，就偷偷地离开了 U-2 飞机。

后来，鲍尔斯正好驾驶这架 U-2 飞机在苏联被击落。这也是第一架被击落的 U-2 飞机。

大家会问："击中 U-2 的难道会是那个被换上去的螺丝吗？"正是。因为那个螺丝是用磁性极强的材料制作的，是它把高度表的指针使劲吸

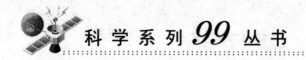
住。可是换了一个不具备强磁性的螺丝后，当飞机实际上还没有飞到20000 米的高度时，指针就已经指示到 20000 米刻度上。这就使鲍尔斯造成了错觉，虽然表上指的是 20000 米高度，而实际没有飞到足够的高度，结果被飞不到 20000 米高度的苏联米格-9 战斗机击落了。

看来，击落 U-2 飞机的秘密武器的关键，并不是米格-9 战斗机，也不是"克格勃"，而是一个小小的螺丝！有时一个极小的部件，也能起巨大的破坏作用。

59 多灾多难的"母子"间谍

1960 年，美国飞行员弗朗西斯·加里·鲍尔斯驾驶的 U-2 间谍飞机，在深入苏联领空时，被击落。为了缓和由此而引起的两国矛盾，当时的美国总统艾森豪威尔答应中止在苏联上空的载人间谍飞机侦察活动，而没有承诺中止无人间谍飞机的侦察活动。

美国空军认为有机可乘，决定同洛克希德公司合作，生产无人驾驶间谍飞机。约翰逊领导的"臭鼬工程"小组，承担了这种飞机的设计任务。要求是：飞行高度为 2.74 万米，巡航速度为 3.5 倍音速，航程为可以飞越苏、中领空，并且能够躲避防空导弹的袭击。

这种无人驾驶间谍飞机终于制造出来了，它是一种母子机，全名为MD-21。母机 M-21 是一种运载机，它有两个座位。其中一个是供驾驶员坐的，另一个是供子机发射员坐的。子机 D-21 挂于母机向内倾斜的尾翼之间，间隙不足 46 厘米。子机是无人驾驶的，它采用三角翼和冲压式喷气发动机，外形和机体材料都采用了减少雷达反射的措施，具有一定的隐身性能。

1964 年，首次试飞时，子机机翼和发动机受损。第二次试飞于 1966 年，在加利福尼亚附近的太平洋上空进行。这次 D-21 总算从母机上发射成功。第三次试飞飞行了 2574.4 千米，而且完成了 8 个转弯动作。

然而，在第四次试飞时又发生了事故。子机和母机相撞，发射员托里克跳伞后，溺死在太平洋中，驾驶员帕克侥幸得到营救。同时，母机 M-21 损毁。

总工程师决定，用巨型轰炸机 B-52 代替 M-21，作为代理母机。后来，美国在执行真正的间谍飞行时，都正式改用 B-52 作为母机了。

到 1971 年为止，D-21 共进行了四次间谍活动。但由于屡出事故，结果一张侦察胶卷也没有回收到。其中第一架 D-21 在飞越中国上空后，竟没有按计划返航，落了个有去无回的结局。之后，第二架、第三架 D-21 又被送到中国上空，这两次 D-21 虽然都返回到了回收点，但是当 D-21 放下带有密封相机袋的降落伞，却又落入海中自爆以销毁证据后，情报人员才发现，降落伞中其实并没有侦察设备，这两次侦察又落了空。最惨的是最后一次侦察活动，这一次 D-21 干脆被密集的防空炮火击落，坠毁在大海中。

美国的"母子"间谍飞机 MD-21 从研制到试飞，以及实战活动，都在极端秘密的状况下进行，所以虽然屡遭失利，但外人都不知晓，以致当时苏联的特务机关克格勃官员弄到一些 D-21 飞机碎片后，误以为是隐形飞机的零件。后来美国西雅图飞行博物馆设法弄到了一架 MD-21"母子"机，在馆内展出，终于使这一对"母子"间谍在众人面前曝了光。尽管这对"母子"间谍在实战时，扮演了不光彩的角色，但作为一代无人驾驶侦察机，在航空技术史上还是留下了供人们评论的一页。

60 "臭鼬鼠"产下的"黑鸟"

1964 年，美国总统约翰逊任职期满，为了连任下届总统，他到处发表竞选演说，表明他的政绩和重视发展先进武器，他故意泄露了一项军事秘密：美国已经研制出一种高空高速军用飞机。

新闻记者们捕捉到了这个消息，就到处打听这种飞机的情况，以便抢新闻。他们终于跟踪追击到加利福尼亚的洛克希德公司。这家公司有一个极端秘密的名字，叫"臭鼬鼠"工厂，专门生产间谍飞机。臭名远扬的 U-2 侦察飞机就是它生产的。臭鼬鼠是美洲产的小动物，遇到敌人会分泌一股臭不可闻的体液，以便逃生，而这种间谍飞机在遇到对方导弹时，会施放电子干扰，而逃之夭夭，可见，用这种不算雅的动物来命名这个生产间谍飞机的工厂，倒也十分贴切。

接着，记者们又探听到，被约翰逊泄密的飞机就是俗称为"黑鸟"的 SR-71 高空战略侦察机。这种侦察机之所以被称做"黑鸟"，那是因为它的表面涂了一层黑色涂料，尖尖的身子，尾部有一对垂直尾翼，样子像一只恶狠狠的秃鹫。

这架飞机上装有照相机、专用雷达和电子侦察设备，可以飞到对方导弹射程之外，窃取情报，是一种超级间谍机。它创造了两项世界顶尖飞行记录：速度达到每小时 3529.6 千米，是声音速度的 3.32 倍；水平飞行高度达到 25929 米。这些性能都超过了苏联的米格-25。

"黑鸟"自 1965 年投入使用以来，足迹遍布全球，神出鬼没地完成了许多不光彩的使命。它偷拍过我国第一颗氢弹爆炸的照片；它在越战中，几乎每天都在北越上空侦察；它核实过古巴是否有苏联的米格-23

飞机；它还监视过许多局部地区的武装冲突；它还经常沿着苏联的国境线巡逻飞行。它真不愧为"臭鼬鼠"产下的又臭又鬼的"黑鸟"。

80年代初，一位美国记者被允许乘坐"黑鸟"，它的真面目才得以曝光。这位记者身穿气密宇航服，坐在弹射座椅上。万一发生事故，只要一拉两膝间的黄色环，就会被弹出机外。飞机爬到2286米高空之后，

高温令记者承受不了

速度一下子加到3倍音速。飞行了10分钟，驾驶员建议记者把手放在挡风玻璃上。他刚触到玻璃，手马上缩了回来。原来由于高速飞行，与大气产生剧烈摩擦，使玻璃灼热烫手，让人受不了。高温是这架飞机在飞行中产生的最令人头痛的问题。那么，怎么保证机上人员和设备的正常呢？设计师采用了耐热钛合金材料和耐热燃油，最特殊的设计是，它采用了不断"漏油"的办法以降低机身表面的温度。

也许你不相信，这样一种性能超群的飞机，竟会处处漏油。甚至在机场上，它漏的油会遍布跑道。漏油，不是会引起着火吗？不必担心。漏油是故意安排的。

首先，这种油燃点高，不会轻易烧起来。其次，它易蒸发，可以吸

收热量，起降温作用。有意思的是，油箱故意开了许多裂纹，任燃油到处漏。原因是，飞机飞行速度变化大，产生高温，会使油箱不断膨胀，要是不留裂纹，油箱就可能撑破炸裂，以致燃油倾盆洒出。与其这样，不如开些小缝留下后路。

正因为如此，当记者在机场上走下飞机，看到自己全身被烧得焦味冲天时，大吃了一惊！而驾驶员却轻松地告诉他："不要紧，飞一次经过一次热处理，身体反而更健壮。"

61 神奇的"黑鸟行动"

前面那个故事说到的"黑鸟"，是美国的高空高速侦察机 SR-71，因为它的全身被涂成了黑色。而在这个故事里说的"黑鸟行动"，不是指 SR-71，而讲的是巴勒斯坦解放组织使用飞行器，在黑夜中对以色列进行的突然袭击。这里所使用的飞行器，是一种带动力的伞翼机。

巴勒斯坦解放组织为了从心理上瓦解以色列军心，从 1982 年以来，曾对以色列占领地进行突然袭击。以色列为了防备巴勒斯坦解放组织的袭击，就在边界上布置重兵防守，因此巴勒斯坦解放组织的袭击往往失败。

巴勒斯坦解放组织总部经过研究，认为再沿用老办法从陆地进行突袭已经不行了，因此决定从空中运送战士到以色列阵地上，来个出其不意的"天兵下降"。但是，如果用一般的运输机运送空降战士，一是不够机动灵活，二是容易被对方发现。于是，他们想到了有动力的伞翼机。这种飞机是在一个三角吊架上，装一副像降落伞的伞翼。吊架中间，还装有一台小型发动机，带动一副螺旋桨作动力。吊架下可以吊一名驾驶员，飞起来十分轻巧、灵活。总部计划派4人分乘4架这种飞行器，趁黑夜去偷袭以色列，并将这项计划命名为"黑鸟行动"。

1987年11月25日夜里9时，组长塞耶尔带领阿里、拉米和哈桑3人去执行任务。他们全副武装，从黎巴嫩南部悄悄起飞，约半小时后，就进入了以色列的阵地上空。以色列士兵听到空中有嗡嗡的摩托声，以为高空有飞机攻入，就命令直升机升空，并封锁边界。哪知道，4名巴勒斯坦解放组织战士早已驾驶伞翼机从低空神不知鬼不觉地降落到荆棘地了。

以色列一辆军车开来，在毫无防备的情况下，受到巴勒斯坦解放组织战士的突袭。一名司机被打死，车上一名女军人被打伤。巴勒斯坦解

伞翼机完成了"黑鸟行动"

放组织战士趁机冲进以色列军队的后方指挥基地，进行扫射。

突袭目的达到之后，队长塞耶尔命令巴勒斯坦解放组织战士登机撤离，返回驻地。战士们接受命令，准备启动发动机向空中飞去。但是，拉米在战斗中受伤，他就带伤掩护其他战友起飞，而自己却没能登机返回。在飞行中，阿里又被以军直升机击中，迫降在边境外，最后也因流血过多而献身。

这次"黑鸟行动"，巴勒斯坦解放组织方面牺牲了两名战士，但打死了6名以军，打伤37名以军，不仅以少胜多，而且在心理上打击了不可一世的以色列占领军。"黑鸟行动"以巴勒斯坦解放组织的成功，而大长了巴勒斯坦解放组织战士的志气。

这次计划的成功除了解放战士的勇敢外，还得归功于动力伞翼机。这次行动使用的伞翼机翼展12米，发动机功率为14.71千瓦，它的速度可以达到每小时60千米，飞行时间可达3小时。一般伞翼机都是供运动员作飞行训练用的，它结构简单，全要靠摆动身体来控制航向。巴勒斯坦解放组织大胆使用这种飞行器进行军事突袭，表明他们的计划令人意外，得以出奇制胜；也说明巴勒斯坦解放组织战士具有良好的飞行素质。

62　希特勒受到迷惑

在第二次世界大战中，德国法西斯于1941年6日发起对苏联的进攻，于是苏联对德国宣战，这个战场于是成为反法西斯战争的第一战场。1942年，苏联同英国、美国在伦敦、华盛顿谈判，苏联要求英、美向德国宣战，共同开辟第二战场。

英、美同意在欧洲开辟第二战场，但因时机不成熟等种种原因，迟迟没有行动。

1944年夏天，德国法西斯已经处在失败的边缘，英、美看到大势已定，才匆匆派兵向欧洲进发。为了迷惑德国，英、美联军采用了"声东击西"转移目标的战术。

因为英国和欧洲大陆只隔一个英吉利海峡，所以当时一般人都认

为，要从英国出兵打德国，一定要渡过英吉利海峡，但是从海峡的什么
地方渡海呢？按常规分析，一定是从多佛尔海峡渡海，因为这里的海面
最窄。于是，英、美联军就在法国东北部的多佛尔海峡摆起了迷魂阵。
它们派出了一种飞机在那里不断地活动。这是一种特殊的飞机，它不是
战斗机，也不是轰炸机。但是，这种飞机也投掷"炸弹"，不过是一种
特殊的炸弹。

　　原来，这种飞机投下的特殊"炸弹"是一种金属箔条，这些箔条就
像天女散花似的，布满天空。德国的雷达，很快就发现了这些怪东西。
但是，雷达是一种用电波来识别东西的"电眼"，它只要见到金属物质，
不管它是金属制的飞机，还是金属箔条，都会反射电波。无数的金属箔
条，把德国雷达发射过来的电波，不断地反射回去，雷达接到这些反射
波，就在屏幕上显示出来。显示出来的东西，造成一些假象，使德国情
报机关误以为英、美在多佛尔海峡派出了大批作战飞机准备参战。

　　希特勒听到情报部队的报告，大吃一惊，但他没有怀疑，坚信这是
确实的。于是，他当即发出命令，调动大批部队，赶紧开往多佛尔海
峡，去对付英、美飞机的进攻。

　　这回希特勒可受到迷惑了。他哪里知道，这是英、美使的"调虎离
山"计。此时，真正的大批英、美部队已经开进了法国西北部的诺曼底
地区。5000 艘战舰、20000 多名空降兵和 176000 名士兵，在空中战斗
机的掩护下，浩浩荡荡地在诺曼底登陆成功，因为这里的德国守军已经
让希特勒调往多佛尔去了。这是第二次世界大战中举世闻名的"诺曼底
登陆"行动，它对促使希特勒的灭亡起了一定的作用。

　　那么，那种散布箔条的飞机是什么飞机呢？原来那是一种电子对抗
机。它的目的就是对无线电实施干扰，使敌方雷达产生假象，由于这种
假象都是电子干扰造成的，所以又叫电子干扰飞机。

　　电子干扰飞机简称电子飞机，是现代电子战的主力之一。它从 20
世纪 60 年代开始，广泛应用在各国空军部队中。如苏联的电子飞机竟
占作战飞机的 1/9，而在轰炸机部队中，占的比例更大，达到 1/7。我

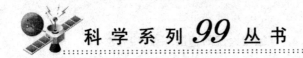

国也在研制电子飞机。有人说，未来的战争将是电子战争，这句话是有一定道理的。

63　玩具飞机惊动了五角大楼

1986年7月，美国市场上出现了一种玩具飞机。初看，这种玩具飞机并没有什么特别吸引人的地方，它只不过是一种飞机的模型而已。

但是，当玩具商透露了一个秘密之后，立即引起了一股抢购的热潮。什么秘密呢？原来广告上写着："这是美国正在研制的一种最机密的隐形战斗机F-19的模型。"

美国国防部得知这个消息后，马上发表声明，断然否认正在生产这种飞机。美国国防部设在华盛顿的五角大楼内，所以人们通常用五角大楼来称呼美国国防部。为什么一种小小的玩具飞机竟会惊动堂堂的五角大楼呢？是美国国防部果真在研制一种隐形战斗机，还是玩具商为了推销商品，玩弄了广告花招？隐形飞机是一种什么样的飞机，它真的能够隐身吗？

其实，玩具商并没有无中生有地造谣，美国当时确实是在秘密研制隐形飞机。但是，也不是五角大楼里有人泄了密，把研制隐形飞机的情报出卖给了玩具商。那么，玩具商是根据什么来做出这样的广告呢？根据是出在一种合理的推测上。

美国战斗机是用带"F"字头的序号命名的。1978年，美国生产出了F-18战斗机。1982年，又研制了F-20战斗机。细心的人发现，中间缺了一个F-19。这空缺是有意还是无意呢？于是有人猜测，这空缺是有意保密的，它一定是一种十分秘密的战斗机。而在当时，最神秘的飞

玩具飞机惊动了五角大楼

机就是隐形飞机。

美国玩具商正是抓住了人们的好奇心理，才推出了神秘莫测的玩具飞机模型，让好奇的人们争睹这种飞机的真面目。使美国国防部大为恼火的是，这种隐形飞机的外形和他们正在研制的真正的隐形飞机是那么相像，以为高级军事秘密被泄漏了。其实，这是一种巧合。玩具设计者声称，他们只不过是根据一些有关飞机隐形的公开材料，进行了合理的想象而设计出来的，巧的是想象和实际十分吻合罢了。不过也有另一种说法，说这种飞机资料是制造隐形飞机的洛克希德公司保密不善泄漏出去的。

说起隐形飞机的研制，要追溯到20世纪70年代初期的中东战争。那一次，以色列购买的美国战斗机，刚一投入战斗，就被阿拉伯国家击落。原来，阿拉伯国家得到了苏联制造的先进的雷达。这种雷达善于观察空中的飞机，所以美国的飞机逃不过这种雷达的"眼睛"。美国得到了教训，就决心研制出一种雷达"看不见"的飞机来，这种飞机就是人们所说的隐形飞机。

隐形飞机的原理并不神秘，因为雷达的功能只能识别反射回来的电波，而如果能使飞机表面不反射雷达波，就达到了隐形的目的。早在20世纪30年代，日本等国家就发明了一种能吸收电磁波的涂料，用它涂在飞机表面，雷达波就反射不回去。后来，人们又在飞机的外形上打主意，让它表面平滑一些，不要出现凹凸不平的尖角，这样电磁波更不容易被反射回去了。

开始，美国研制出了具有隐形性能的侦察机，如 SR-71，接着又研制了隐形轰炸机 B-2 和隐形战斗机 F-117A。而这种 F-117A 战斗机，果真就是人们猜测的 F-19。

64 "鹿皮鞋"搭救"石板46"

1991年1月21日，这是海湾战争打响后的第5天。美国海军上尉琼斯驾驶一架 F-14 战斗机为电子干扰机 EA-6B 护航。EA-6B 的目的是与 A-7 攻击机合作，轰炸伊拉克中部的阿尔阿萨空军基地。

但是，在这天上午6时左右，F-14 受到伊拉克导弹的袭击，导弹在 F-14 垂直尾翼附近爆炸。飞机失去控制，高度一下子跌落3000米。琼斯意识到又要跳伞了。幸好，跳伞的他降落到沙漠上，没有受伤。他拿起话筒，向正在沙特阿拉伯和伊拉克边境上空的"望楼"预警机 E-3 呼救："'石板46'在地面，听到我的呼号吗?""石板46"是琼斯的化名。

E-3 预警机早就收到 EA-6B 干扰机的报告，只知道有一架 F-14 战斗机被击落了。至于飞行员坠落到哪里，它并不知道。它没有收到"石板46"的呼唤。

在沙特阿拉伯阿拉尔机场，MH-53J 直升机驾驶员特拉斯克也被预警机 E-3 叫醒，E-3 报告了 F-14 被击落的事，特拉斯克奉命驾驶 MH-53J 去搭救被击落的飞行员。MH-53J 是西科斯基飞机公司最新生产的重型救援专用直升机。它的这项救援行动呼号为"鹿皮鞋 05"。特拉斯克驾驶直升机飞往现场，并对 E-3 喊话："'望楼'，'鹿皮鞋 05'到达，听得见吗？"

预警机 E-3 听到了救援直升机的呼喊，但它还没有得知坠机飞行员"石板 46"的准确地点。E-3 除了负有侦察任务外，还要指挥两架 A-10A 喷气式攻击机去攻击伊拉克部队，以便防止它们破坏救援计划。驾驶两架攻击机的驾驶员分别是约翰逊和高扶，代号为"苏格兰人 57"。

现在，E-3 飞机上的指挥员指挥约翰逊和高扶赶紧飞入伊拉克，设法同"石板 46"联系上。

上午 9 时，"石板 46"琼斯在沙地上挖了一个坑，以便将自己隐蔽在里面。12 时，约翰逊驾着 A-10A 攻击机来到现场。他不断地呼叫"石板 46"，但没有回音。他的飞机油已经快用到极限了，他再一次发出了呼叫。这次约翰逊听到了"石板 46"的回话。

"'苏格兰人 57'，这是'石板 46'，请讲话。""石板 46"琼斯的声音终于被约翰逊听到了。约翰逊估计"石板 46"是在阿萨德机场以西 32 千米，比原先估计要靠北得多。

约翰逊将高度降到 1000 米，以便看清目标。他投下照明弹，以便琼斯发现自己。果然琼斯答话了："我在你南方大约 6.5 千米。"接着，约翰逊先把琼斯的位置报告了"鹿皮鞋 05"直升机 MH-53J，接着又对琼斯说："我必须去加油，半小时内回来。"

下午 1 时 55 分，A-10A 和 MH-53J 组成的联队来到琼斯的上空。这时地面上一队伊拉克的卡车正在行进，它将对琼斯的安全构成威胁，于是驾驶攻击机 A-10A 的约翰逊果断地对卡车发射了一串红色曳光炸弹，卡车被炸成一片火海。特拉斯克驾驶着直升机 MH-53J 飞到冒烟的卡车旁。在 150 米外，琼斯从一个沙坑里冒了出来。直升机发现了他，

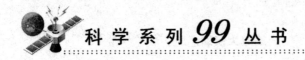

降到地面，打开舱门，琼斯被救上了直升机。

这就是美国坠机飞行员琼斯"石板46"被"鹿皮鞋05"直升机救出的经过。在这一救援行动中，美国空军总共动用了三种飞机：第一种是用来侦察和指挥的预警机"望楼"E-3；第二种是用来寻找飞行员的攻击机 A-10A"苏格兰人57"；第三种是用来载人的直升机 MH-53J"鹿皮鞋05"。为了搭救一个飞行员，美国确实舍得付出巨大的代价。

65 第一个宇航员之死

1961年4月12日，苏联航天员加加林乘坐"东方"号载人飞船，第一次升上太空，绕地球飞行，成为世界上第一名宇航员。

然而，这位航天英雄没有献身太空，却在1968年3月27日的地面飞行中遇难了。加加林是在驾驶米格-15歼击教练机飞行时，不幸失事的。

加加林遇难的消息传到世界，引起了人们的悲痛，也引起了大家的猜测：一位优秀的宇航员，在太空安全航行无误，为什么在地球上空飞行倒出事了呢？要知道，加加林在进入太空前，就是一位出色的飞行员。他1957年从航空飞行学校毕业，曾驾驶过雅克-18、米格-17和米格-21、伊尔-14等战斗机，总共飞行时间达346小时15分钟，从未发生过飞行事故，他的各科考试成绩优秀。难道他的飞行技术会有问题吗？当时，苏联当局为了维护加加林的声誉，对此一直保持沉默。

有人会问，也许他驾驶的那架飞机有问题吧？米格-15歼击教练机是一种双座亚音速喷气战斗机。这种飞机于1948年成批生产后，经过多次实战考验，性能是优越的。它的机头有两个密封舱，训练舱在前，教官舱在后，两个舱里都装有弹射座椅，如出事可以随时将座椅上的飞行员弹射出去。因此似乎不应是飞机出了问题。

出事的那次飞行，加加林在前舱驾驶飞机，而后舱坐着的是经验丰富的一级试飞员谢列金教官。经过检查，这架飞机在整个飞行中，到出事前，全部设备都没有任何故障。看来，出事的原因也不是飞机的问题。

那么，是不是加加林的健康有问题呢？经过调查，在他生命的最后几天，加加林还接受过必要的体检，没有发现问题。对他的遗体进行抽血化验，证明他没有喝过酒，没吃过催眠药，肌肉组织、肝糖等都正常。这说明加加林的身体状况良好。

还有人猜测，他的飞机撞上了探空气球或飞鸟，经过仔细对飞机残骸进行检查，相撞的说法也不成立。

真相到底是如何呢？后来调查委员会终于做出了结论：飞机遇到了特殊的天气，以致造成驾驶的失误。那天，飞机是在两层云带的中间空

世界上第一位宇航员加加牺牲于空难

域里飞行，上看不见天，下看不见地。加加林根本看不到地平线。飞机处于俯冲状态。当飞机飞出低层云时，俯冲角更大了，达到 $70°\sim90°$，几乎是垂直向下冲了。当加加林看清地平线后，他想最大限度地使飞机退出俯冲，可是这时时间已来不及了。尽管他临危不惧，而且做了最大的努力，但高度不够，只有 300 米高，而飞行时间只有 2 秒钟。就这样，一代天骄撞地而牺牲。

加加林和他的教官牺牲了，在他们牺牲的地方，人们建起了一座外形像飞机翅膀似的纪念碑，人们永远不会忘记他们为飞行事业做出的贡献。

66　教练为学员陪飞

在法国巴黎埃菲尔铁塔附近，有一所法国三军高等战争学校。1989年3月，来自 39 个国家和地区的 67 名外国学员，从世界各地来到这里。他们不是来观光，而是来学习。

法国三军高等战争学校，诞生于风云滚滚的拿破仑时代，是一所世界级的军事院校。这天，迈入这所院校的异国学员中，有一名黑眼睛、黄皮肤的中国军官，他就是空军少校飞行员胡晓。22 个月的学习生活中，他不言不语，但是他的内心却十分不平静。他只有一个愿望：为中国争气。

考验终于来了。这是 1990 年一个春光明媚的日子。学员们来到法国西南部的蒙德马桑空军基地，这里是法国空军武器装备试验中心。在基地的跑道上，停着一种涡轮螺旋桨飞机，从外表看，它似乎和现代的战斗机差不多。

学员们站立在跑道前，等待着教官的讲课。但是，一位飞行员突然跑来，对学员们问："哪位先生愿意为法国空军新研制的下一代教练机飞一下？"

原来问话的是法国宇航公司的试飞员布里昂，他说的那架现代化飞机就是法国宇航公司新研制的"奥米加"初级教练机，叫一个异国学员来试飞新型教练机，这似乎是一个不寻常的举动。

学员中没有人答话，布里昂用眼睛扫过每一位学员的脸，好像在挑战。突然，一个声音打破了沉默，胡晓从队伍中走了出来，坚定地说："让我来试一试。"

布里昂面对这位个子并不高大，而且是最年轻的东方学员，似乎有点不相信自己的眼睛，于是他又问："你吗？"

"是的，我！"胡晓坚定地回答。

布里昂看着这个勇敢的年轻人，同意了。布里昂带着胡晓来到"奥米加"机前，开始试飞前的座舱实习。

"奥米加"的座舱布局和现代战斗机布局近似，是前后座式的，舱内有武器选择操纵台，可以从事战斗技术训练。按通常惯例，试飞时教练员在前座、学员在后座，学员的任务是"陪飞"，看着教练员如何操作。

但是，经过短短的实习之后，布里昂改变了主意，他走下了飞机，来到基地司令跟前，说："上校先生，我已经改变计划了，决定由胡晓在前座飞行。"

这一决定，简直令基地司令官大吃一惊，怎么能叫学生当老师呢？于是他冷冷地回答："我代表军方不同意！"

布里昂激动地说："一切后果由我负责！"司令官只好同意了。

胡晓感激地望着布里昂，坚定地登上了前座，布里昂充满信任地在后座"陪飞"。胡晓自信地启动了发动机，教练机轻轻地滑过跑道，在无数双期待的眼光中，飞上了蓝天。飞行十分成功，胡晓按计划，进行了各项操作飞行，顺利地返回了地面。

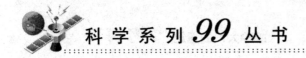

法国三军总参谋长施密特上将亲自将一枚勋章佩戴在胡晓的胸前。他的成功为法国三军高等战争学校争得了破天荒的荣誉，也为中国飞行员争得了荣誉。

67　"里海怪物"之谜

在东西方冷战期间，美国的间谍卫星经常偷拍苏联的照片。在拍到的许多照片当中，专家们常常发现一种神秘的飞行物体，在苏联的里海海面上滑行。

从这种飞行物体的形状看，它不像船；从它的飞行速度看，比船快，时速可达 800 千米。说它是飞机吧，飞机又不可能飞得这么低，它几乎贴近海面飞行。

在当今世界上，海面和水中怪物的奇闻不断出现，什么英国的尼斯湖怪物、中国的天池怪兽等等。现在，苏联的里海又出现了不明不白的奇怪飞行物。美国情报人员不得其解，就把这种飞行物体称为"里海怪物"，并且不断地用间谍卫星来监视它的行动。

直到苏联解体后，"里海怪物"的面貌才终于大白于天下。它原来不是什么怪物，而是苏联研制的一种水面效应飞行器。有趣的是，这种飞行器的真正名称就叫"里海怪物"，美国情报人员给它取的尊号真是名副其实了。

苏联早在 1965 年就开始研制水面效应飞行器。因为这种飞机是军用的，所以一直处在保密状态。当时，有人还画出了这种飞行器的想象图。它是一种鸭式飞机，就是将水平尾翼装在机身的前面。装在前面的尾翼通常称为前翼，上面装着 8 台喷气发动机，使飞机抬头起飞；尾部

里海上出现了神秘怪物

装有两台喷气发动机，在起飞后的巡航飞行中，靠这两台发动机工作就行。它总重有 500 吨，可以装 900 名士兵和部分军事装备。它可在 7～15 米的超低空飞行，巡航速度为每小时 364 千米，10 台发动机一起工作时，时速可以高达 555 千米。

后来，苏联又在"里海怪物"的基础上，研制出了一种更先进的水面效应飞行器，人们称它为"新里海怪物"。美国间谍卫星看到的，就是这种新型的飞行器。

"新里海怪物"外形比"里海怪物"更科学，原来装在前翼上的发动机，改装到机身里去了；垂直尾翼上加装了一台功率较大的涡轮螺旋桨发动机。另外，整个机体外形更加光滑流畅，飞行时阻力更小了。但是，它的个子比"里海怪物"小了，长只有 60 米，翼展为 30 米。巡航速度也低一些，每小时为 280 千米。

据了解，目前俄罗斯又拥有一种新的水面效应飞机"A90-150"型。它全长 91 米，翼展 31 米，时速可达 321 千米。

目前，有许多国家都在研究水面效应和地面效应飞机，但是离实用还有一定的距离，原因是有一些技术难关还未突破。但是，这种飞机具有低空飞行性能好、经济性好等许多优点，所以为许多航空专家所关

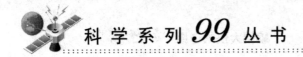

注。美国认为它的成功"将使海上战争发生革命"。苏联军报认为，它的影响可以与原子能舰船和潜艇的出现相媲美。

68   "黑匣子"作证

20 世纪 80 年代的一个初秋的日子，挪威海上空和往年这个季节一样，碧空万里；海上渔船往来穿梭，一片和平的景象。位于北极圈内属于挪威的斯匹次卑尔根群岛正处于一年中天气最好的时候。

哪知道，天有不测风云，突然天上掉下一个庞然大物。它发出震耳欲聋的呼啸声，急剧地往下掉。还不等人们看清那是什么东西，只听"轰"的一声，那东西在空中爆炸开来。接着一团大火掉到岛上。

原来那是一架飞机，在下降的途中，飞行员弃机跳伞。但是他也没能逃出火海，随机一同葬身在岛上。

挪威当局得知这一情况，马上派人到达出事地点，找到了飞行员的尸体和飞机的残骸，经辨认，那是苏联一架高空军用侦察机。挪威海是非军事区，苏联的军用飞机未经允许，飞到挪威领土上空干什么？为此，挪威政府向苏联提出了抗议。

苏联坚决否认它的军用飞机飞到了挪威，更否认对挪威进行了间谍活动。但是，挪威方面找到了铁证——飞机上的黑匣子。苏联开始还想抵赖，挪威于是把黑匣子里的秘密公布于众，这下子苏联慌了手脚，不得不低头认错。

那么，黑匣子是什么东西？那里面究竟有什么秘密呢？原来黑匣子是一种飞行记录仪，是专门用来记录飞行数据的。它通过机械、电子和电磁等记录方式，将事故前飞机上的各种信息记录下来。挪威方面对黑匣子记录的信息进行了处理分析，证明这架飞机确实偷拍了挪威领土、领海的照片，进行了间谍活动。

黑匣子的诞生原本是为了查找飞行事故用的。飞机出事是丧民丧财的大问题，而事故往往发生在天上，难以挽救，也难以查清原因。尽管航空技术不断发展，飞行安全性能不断提高，但事故仍不断发生。仅美国海军平均每年就因飞行事故而损失近80架飞机。血的教训要求有一种在飞机失事时，炸不坏、摔不碎、烧不"死"，还能"清醒"地记住事故前种种情况的"铁证人"来揭露真相。这个"铁证人"就是后来人们俗称的"黑匣子"。

第二次世界大战中，英国首先在战斗机和轰炸机上安装了记录仪。接着，在民航机上也纷纷装上了这种仪器。而且，这种记录仪的性能越来越提高，它不仅记录的信息越来越多、越准确，而且记录的方式也越来越先进。

还有，为了使这位"证人"平安着陆，它不仅要装在飞机最可靠的地方，而且要经得起各种恶劣条件的考验，它可以耐800℃的高温，可以承受1吨重的高压，它不怕冲击，不怕腐蚀，装在一个特制的黑色金属盒里，所以得到"黑匣子"这个称号。其实，并不是所有的盒子都是黑色的，但人们叫惯了，就统称为"黑匣子"了。

这个"证人"毕竟是"铁"的，它只会如实地"交代"自己的真面目，而不会掩盖自己的"政治目的"。所以，当飞机进行间谍活动时，它会"坦白"自己的罪行。这时，它记录的信息，就成了"罪行"的"供词"。

69 "天子"的保护伞

传说在五千多年前，我国有一位叫"舜"的人做了"天子"，他将自己统治的国家号称虞。舜小的时候，发生过一件意想不到的事。

舜的父亲瞽叟很不喜欢他，总想把他害死。有一天，瞽叟故意叫舜到谷仓顶上去修理屋顶，舜不知父亲有阴谋，就照办了。谷仓很高，等舜爬到顶上之后，瞽叟就偷偷地把梯子搬掉，然后又故意在谷仓底下放起火来。

火苗越烧越高，舜赶紧去找梯子，可是梯子没有了，眼看火就要烧到谷仓顶上了，怎么办？舜忽然发现谷仓顶上有两顶草笠，于是他急中生智，两手各抓起一顶草笠，从高高的谷仓上跳下来。结果他竟安全地降落到了地面，既没有被烧死，也没有被摔死。

舜大难不死，是得力于草笠，草笠使他在降落途中，增大了阻力，保全了性命。草笠成了这位天子的保命伞。而到了宋朝，则有人真用伞来保命。

那是1192年的事。当时有许多阿拉伯人集居在广州，并在那里建立了许多清真寺。清真寺上往往建有一个高耸云霄的尖塔。为了测定风向，塔顶上还安装了一种风向仪，它实际就是用一种金属制作的雄鸡。

据说其中有一只雄鸡是用金子做的，它双脚傲立于空中，金光闪闪、熠熠生辉，引起不少人的注目。但是，忽然有一天，有人发现金鸡少了一只脚。怎么回事？原来有人偷走了一只金脚。在当时看来，这小偷也真有飞檐走壁的本领了，他怎么上得去，又能轻松地下得来，而且不为别人所发觉呢？

经过侦察，小偷终于找到了。他招供了自己偷盗金鸡脚的经过。原来在他爬上塔顶之前，带了两把没有柄的伞。他在夜里偷偷地爬到塔顶，取下金鸡脚后，就手拿两把伞，趁着夜里的大风，徐徐地飘到了地面。

小偷的行为当然是不对的，但是这个盗窃案却成了当时的奇闻，以至后来人们把小偷的错误行为忘掉了，而他发明的用以逃跑的伞却留在人们的记忆中。其实，发明本身是没有阶级性的，只不过使用发明的人用心不同，造成的行为后果不同罢了。我国明朝就有过一个好人利用伞逃命的事例。

明太祖朱元璋革了元朝的命后，他又害怕自己的手下人会推翻他。为了巩固自己的统治，他就想把手下的某些将领和大臣都杀掉。

有一天，朱元璋要下毒手了。他假称要在一座酒楼里宴请各位大臣和将领，实际上要趁机把这些眼中钉一一杀掉。

在大臣中，有一个叫刘伯温的人，他曾为朱元璋推翻元朝立过大功。他智慧过人，能神机妙算，他看出明太祖的阴谋，就想出了一个以防万一的办法。赴宴时，他暗暗地带了一把伞。明太祖看到群臣和众将领都上楼了，就令心腹守住高楼，准备宴后开杀戒。刘伯温一看情况不妙，就在酒席途中借故离席，偷偷地打开伞，从高楼跳下去，因此，免去一死。

草笠和雨伞，都是现代降落伞的雏形。它是现代航空救生的重要工具。从上面的故事可以看出，这个发明的历史原来是极其古老的。怪不得有贤者说："最古老的发明也能给现代科技以启发。"

70 世界上第一张飞机票

在美国东南部佛罗里达半岛的西海岸，有一个小小的港湾。港湾上有两座城市：圣彼得斯堡和坦帕。它们隔海而望，海上直线距离只有35千米，但是陆路通行却要绕一个大弯子。

过去，两个城市的人们来往，最方便是乘船。但船航行慢，还得受水上条件的限制。飞机发明后，有人就想到用飞机来沟通。但是，当时还没有客机。

1914年的一天，圣彼得斯堡市沸腾了，数以千计的人们拥到海边上。原来，今天这两个城市要用飞机通航，出发点就在圣彼得斯堡。

在海上停着一艘带着双翼的小船。不，它不是船，它是一架水上飞机，它就是即将首航的客机，虽然飞机发明了十多年，但用飞机载客运输，这可是第一次。

这架小小的水上飞机是美国圣路易班诺飞机公司制造的。为了适应水上起飞、着水和滑行，机身做成船形，除此之外，外形和一般的双翼机差不多。发动机装在机身上方，垂直尾翼和水平尾翼都在机身后面。

这世界上第一架商用水上飞机只有两个座位，除驾驶员外，只能带一名乘客。为了抢购这世界上第一张飞机票，票价越涨越高，最后被圣彼得斯堡的前任市长以400美元的高价夺得。

飞机在众目睽睽下起飞了，只经过27分钟，就飞到了对岸坦帕市的海边水面。然后，又从对岸水上起飞，安全返回。试航成功了，世界上第一条空中航线诞生了。从此，这条航线开始兴旺起来，并热闹了一阵子。这虽然是只有一个乘客和35千米的航线，却是当今先进的民航

第一架客机上只能乘坐一位乘客

事业的开端。

也许有人会说，区区 35 千米的航程，何必用水上飞机呢？原来水上飞机有比船和一般飞机优越得多的地方。它不仅速度快，而且不受水上条件的局限，能随意在水面上空飞行。它省掉了陆上飞机的起落架。要知道，起落架的轮子磨损得特别厉害，用一二十次就得报废。再说，使用轮子和起落架也增加了飞机的重量。一架 1000 吨重的飞机，要装 40 个直径 1.5 米的橡胶轮，加上减震装置和起落架，足足有 50 吨重，相当于飞机机体重量的 1/20。这是很不合算的。而水是天然的减震材料，所以在水上起落可以省去起落轮。

另外，陆上飞机起落还要专门的跑道。飞机越大，要求跑道越长、越结实。有的巨型飞机用的水泥跑道，竟长达 8 千米、厚达几米，造价很高。而水上飞机就不同了，只要有一个斜坡把它推下水去，广阔的水面就是天然的跑道。就是这样一些因素，促成第一架民航机的诞生竟是采用了水上飞机。但是，后来的事实表明，水上飞机也存在着许多缺点，如它的外形不适宜高速飞行，在水上腐蚀严重，维修不便等，又慢慢被淘汰了，因此现代民航机都是陆上飞机。不过，由于水上飞机有得

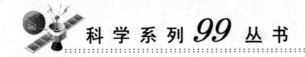

天独厚的"水面机场",有良好的机动性、安全性和巨大的载重能力,所以它有望"东山再起",成为未来的"海空主人"!

71 "多尼尔"和水面效应

这是发生在欧洲北海上的一场虚惊。事情发生在 1932 年 5 月 24 日。在英国南部的扑次茅斯海湾,有两个著名的港口城市,一个是位于港口内的南安普敦,另一个是位于港口外的扑次茅斯。在南安普敦港,停泊着德国一架巨型水上飞机"多尼尔"号。

这一天,"多尼尔"机满载着 100 多名旅客,准备从南安普敦飞往扑次茅斯,然后穿过多佛尔海峡,越北海飞往德国。飞机在爬升后,突然油路堵塞,发动机工作受到阻碍,于是飞机开始从高处往下掉。眼看就要摔到海面,一场机毁人亡、葬身海底的恶性事故就要发生了。

但是,出乎意料的是,当飞机掉到高度只距水面 10 米左右时,不可思议的奇迹出现了,飞机不再往下掉了,而是自动拉平。驾驶员在惊魂未定中莫明其妙,他以为油路畅通了,发动机恢复工作了。可是,当他观看仪表时,仪表却表明,油路还是堵着,发动机根本未工作。他只好听天由命了。

旅客们发现飞机在正常飞着,以为是神灵在保佑着他们,于是有人就对天膜拜起来。就这样,"多尼尔"一直保持着这样的速度,在北海海面上空 10 米左右的空中,继续飞行着、飞行着,驾驶员于是采用"死马当活马治"的态度,驾驶飞机,向德国方向飞去。飞机平稳地越过了北海,进到了德国领空,接着仍以这样的高度,向柏林飞去。经过这段令人难以理解的航程,"多尼尔"竟平安地抵达柏林机场。100 多

飞机掉到离水面10米左右时不再往下掉了

位乘客在一场虚惊中，享受了一次"不消耗燃油"的空中旅行。

那么，到底是什么拯救了"多尼尔"水上飞机呢？真是神灵吗？当然不是。是什么呢？这个谜后来终于解开了，是一种叫"水面效应"的物理现象帮助了"多尼尔"。原来，当飞机在10米以下高度的水面或地面飞行时，飞机和水面、地面间的空气，会被飞机压成一个"气垫"，这个"气垫"就像一个结实的垫子，把飞机垫了起来，使飞机不需要动力就得到了足够的升力。

为了证实这个物理现象，芬兰科学家卡里奥进行了多次实验。1935年，他试验成功了世界上第一批专门利用水面效应飞行的飞行器。德国飞行界知道了水面效应的奥妙后，就经常在飞行中利用这个物理现象。他们在飞越大西洋时，经常在水面上空保持低高度飞行，这样不仅飞行平稳，还节省了燃料，增加了航程。

后来，各种水面效应飞机纷纷出现。同时，利用地面效应的飞机也出现了，这种飞机不仅可以在水面上飞，而且可以越过丛林、沼泽、沙漠、冰川等艰难地段，成为一种新型的交通工具。

72　飞越世界最高峰的"驼峰航线"

　　在第二次世界大战期间，在我国抗日战争处在最危难的时刻，日本帝国主义封锁了我国对外的空中联系。为了粉碎日本帝国主义的封锁，中国空军决定开辟另一条空中通道，就是从我国的西南，飞越世界最高峰——喜马拉雅山，到达印度。这是当时世界上最困难、最危险的航线，由于飞机要穿过重重山峰之间的峡谷飞行，就像穿越骆驼的背脊一样，所以就把它称作"驼峰航线"。

　　参加开辟驼峰航线的飞行员有中国的，也有第二次世界大战中的盟国美国的及外国华裔飞行员等。当时所用的飞机主要是DC-3和C-47运输机。这两种型号实际是一种飞机，C-47是军用型，DC-3是民用型，这种活塞式飞机虽然是当时最安全的一种客机，但它的最高升限只有5000米左右，而在载满乘客或货物时，则只能飞到3000～4000米高。再看喜马拉雅山一带的山峰，一般都在4500～5500米。所以，飞机必须在山谷中小心穿行。

　　更严重的还是天气，那一带天气寒冷、气候恶劣，这对飞机来说就是一种严峻的考验。我们来看看其中一次飞行吧。

　　1943年，一架中国航空公司的DC-3飞机，满载乘客从重庆出发，准备飞经昆明，越过横断山脉、高黎贡山脉和喜马拉雅山脉，飞往印度东北边境的汀江机场。从昆明起飞后，飞机就开始爬升，半小时后，天气变坏，高度是4200米，四周是浓浓的云。飞机外部开始结冰。飞机外壳上结冰，会增加飞机的重量。这么低的气温，使空气的浮力也随之减小。驾驶员不断在挡风玻璃上喷射酒精，希望将冰融化，但也无济于

飞机在喜马拉雅山的峡谷中穿行

事。这时，螺旋桨也开始结冰了，它转动的速度减慢，飞机也就飞得很慢。外面什么也看不见了，飞机处在"盲目"飞行状态。更糟糕的是，无线电罗盘指示也失效了，飞行员只有用环形天线来测定方位。机舱内温度很低，而且缺氧。真是只得"听天由命"了。

　　不过，由于飞机飞在云层之上，有时还能见一点阳光，它给人们带来一线希望。4小时后，飞行员估计飞过了驼峰，就把高度降低一点。这时，温度表指示是摄氏0℃，表明气温已经开始回升，也就说明飞机确实飞过了驼峰。旅客们尽管还是很冷，还是缺氧，但都高兴极了，仿佛是从死亡线上回来的一样。这次DC-3的驼峰航行顺利成功了。

　　驼峰航线为打开空中通道立下了汗马功劳，但是，并不是所有的飞机都是这样侥幸、顺利飞行成功的。由于地形复杂、地势高险、天气严酷，加上任务紧急，又常常超载飞行，所以也出了不少事故。尤其是日寇得知我国开辟了驼峰航线后，不断进行袭击，所以损失也是惨重的。据统计，仅1943年6～12月半年期间，死亡机组人员就达160多人。

　　驼峰航线，是飞行员和乘客们用鲜血和生命开辟的空中运输线，是打击日本侵略者的另一个前线。无怪乎它被誉为20世纪40年代世界闻名的航线。半个世纪后的今天，至今还活着的驼峰飞行员又相约汇聚在一起，缅怀那些为开辟驼峰航线而献身的烈士！

73 "张冠李戴"的"合成飞机"

在抗日战争期间，原中国航空公司曾创造了一个举世无双的奇迹，把 DC-2 客机的机翼装到 DC-3 客机上，张冠李戴式地拼凑了一个"两不像"的混合体，而且竟能安全地飞行 1000 千米，这件事连制造这两种飞机的美国工厂也为之惊叹不已。

事情发生在 1941 年 5 月 20 日，原中国航空公司一架美制 DC-3 客机，从重庆飞往成都。在飞行途中，遭到日本战斗机的攻击，使飞机右翼损坏。

DC-3 是美国道格拉斯飞机公司 1935 年生产的客机。把这架损坏右翼的 DC-3 送到美国去修是不可能的，而在当时的中国，又没有 DC-3 的机翼，这可怎么办呢？

有人想到，当时中国航空公司在香港有一只 DC-2 型客机的机翼。有人提出，DC -2 和 DC-3 都是同一家公司生产的同类型飞机，能不能把 DC-2 的机翼安装到 DC-3 上去呢？

有人提出疑问：DC-2 的机翼比 DC-3 短 1.5 米，能行吗？再说，那只机翼远在香港，怎么运到四川来呢？

尽管疑问重重，但在当时的环境下，也没有别的办法，只好决定试一试。

当时，从四川去香港要经过缅甸，而滇缅公路已被日军切断。后来决定，将 DC-2 的机翼吊在另一架 DC-2 客机的下面，从香港空运到四川宜宾，经过 3 小时的艰难飞行，机翼终于送到了宜宾机场。那架失掉机翼的 DC-3 也运到了宜宾，大家赶紧把 DC-2 的机翼装上去，虽然 DC-2 的机翼短些，但它们的翼根尺寸差不多，所以倒是很顺当地装了上去。只是装好后的飞机机翼一长一短，有点不对称了。

这样"拼凑"而成的飞机能不能飞呢？也只好飞起来试一试了。驾驶员细心把它开到天上，它像只跛行的鹰，不平衡，迫使飞机打滚。驾驶员决定用操纵副翼的方法，来保持飞机的平衡。这样，自动驾驶仪就不能使用了，所以飞行员极端劳累。为了省点力量，飞行员巧妙地用绳子绑住驾驶盘，将它固定在地板上。

真是出了奇迹，这架飞机就这样平安飞了1000多千米，一口气从宜宾飞到了香港。这件事很快地传到了国外，成为航空界的奇闻和创举。当时中国航空公司的人员把这个用土办法合成的"土特产"戏称为DC-2.5，成为世界上独一无二的新型道格拉斯旅客机。

这架飞机的"复原"和飞行成功，说明中国航空工程人员的思想解放，敢于向保守的航空修理技术挑战，也说明了中国飞行员的高超技术，他们硬是突破了传统的驾驶方式，把一架有"残疾"的飞机推上了正常的飞行航道。

74 民航客机的"老寿星"

1957年4月21日，美国边区航空公司一架DC-3客机，从普雷斯科特起飞，准备飞往亚利桑那州的菲尼克斯。这架飞机将在1981米的高度穿过两山之间的峡谷。

那天天气不好，高空乌云密布，伴随阵雨，能见度仅32千米。到达峡谷时，天气变得更坏，目视已经困难了，驾驶员只好用仪表指示飞行。

飞机越飞越慢，越飞越低。驾驶员加大马力也不能阻止飞机的下

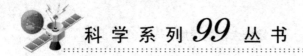

降。此时，高度表指示为 1371 米。驾驶员意识到，是遇到了向下的气流。他只好推上油门，再次加速。此时飞机稍稍上仰，但是意想不到的事发生了，"嘭"的一声，驾驶员明白："坏了，这下飞机撞山了。"

飞机急剧倾斜，驾驶员猛踩脚蹬，企图拉到水平飞行状态，飞机摇摇晃晃地上升，飞出云层，进入晴空。驾驶员定睛一看，糟糕，飞机左翼在撞山时被切掉了近 9 英尺（2.74 米）。但是，这架飞机真是"皮实"命大，竟没有掉下来，而是继续往前飞，而且在只比预定时间晚 2 分钟的时刻，到达了目的地机场。

这种"受伤不下火线"的事例，对这种飞机来说，不是唯一的一次。DC-3 的军用型是运输机 C-47。C-47 的"皮"劲也不逊于 DC-3。第二次世界大战中，一架日本零式战斗机，猛烈撞击同盟国的 C-47，把 C-47 的方向舵撞掉了，日本的零式飞机受创坠毁，而 C-47 却安全返回。C-47 成为世界上唯一一架撞毁战斗机的运输机。更神的是，一名日本"自杀"式敢死队飞行员，驾驶一架神风攻击机去冲击一架没有防御能力的 C-47，把 C-47 的脊背擦穿一个洞，日本的神风机和那名"自杀"式飞行员下坠，而 C-47 却带伤平安飞回。1950 年冬，一架 C-47 飞机在冰岛救援友机时，被埋在深雪中。次年春天，挖掘机把它掘了出来，却丝毫没有损坏。飞行员打开发动机，竟将它开动一气飞到了英国。

DC-3 是美国道格拉斯飞机公司生产的客机，1935 年首航以来，在空中服务了近半个世纪。它有两台气冷式活塞发动机，功率最大为 735.5 千瓦。下单翼翼展为 28.9 米，机长 19.63 米，高 4.97 米，总重 10890 千克，有效载重 3500 千克，最大时速为 341 千米。

DC-3 的军用运输型 C-47，除运送军用物资和士兵外，还可作为救护机、空中指挥所、救火机、飞行火炮平台，甚至轰炸机。而作为客机的 DC-3，它的机舱分上下两层，装有 14 个睡铺，是世界上第一架"空中卧车"。后来又成为各国民航的主要机种，当时世界各国的民航机 90％是用 DC-3。有趣的是，由于 DC-3 的机舱比较宽敞，退役后又被改作它用。在瑞典和南非，有人将它改为饭店，日本把它改成旅馆，巴基斯坦将它改为夏令营营房，美国有人还把它改为活动住房。

DC-3 是世界上在航线上飞行时间最长的民航机，虽然现代民航机已改为喷气客机了，但这种活塞式客机至今还出现在一些国家的民航线上，可以说它是当之无愧的民航客机的"老寿星"了。

军用机中的"老寿星"在和平时期有的成了饭店

75 在屋子里学飞行

如果你不是一个飞行员，也想领略一下在空中飞行的滋味的话，那么你可以到美国内华达州的拉斯维加斯去。那里有一个别开生面的飞行游艺馆，在那里学飞行，就像玩儿一样有趣。

这个飞行游艺馆设在一个圆筒形的封闭房子里，它实际上就是一个垂直的风洞。在它的地板下，有一台巨大的鼓风机。这鼓风机的叶片原来是一副 DC-4 飞机的螺旋桨，它靠一台 588.4 千瓦的电动机驱动，向

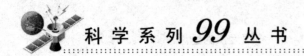

上鼓风。

风洞的直径为 7 米，风速为每小时 210 千米。这相当于一架中速飞机飞行的速度。风洞的四壁都粘上了厚厚的软垫，上下都拉上了软和而结实的网。这些都可保证你在风洞中飞行时的绝对安全。

这个飞行游艺馆每天都开馆，从清晨到午夜，你都可以来玩。每次玩 4 分钟，收费 10 美元。

当你来玩的时候，要先听教练员介绍飞行规则，如飞行姿态、控制飞行办法、怎样用手势联系等。

玩的方式很有意思。你得穿上一种又宽又大的飞行服，套上长筒靴，戴上风镜和头盔。总之，这身打扮就像个飞行员加小丑。因为帽子和鞋像是飞行员用的，而衣服却像演杂技的小丑穿的。

说起这件小丑式的衣服，它可有讲究哩，你飞行全靠它哟。这件肥肥大大的衣服是衣裤连身的，它是半封闭的，衣袖和裤腿的迎风处，开有进气孔。当你穿上它进入风洞里时，它立即会充气而鼓起来，像个大气球似的，使你得到充分的升力，以便把你支承在空中。

在风洞的下边，有一圈沙发，你可以先在这里坐着等待飞行。一切都准备好了之后，你就可以跳入风洞飞了。

飞行时，为了保持稳定，你要把手臂和腿分开，就像一只张开双翅的燕子。张开一点，就可以升高一点；收拢一点，就下降一些。要转弯的话，可以依靠四肢的运动来实现，这情景就像在水中游泳一样，要靠你自己去体会。当你熟练之后，你不仅能升降自如，转弯自如，甚至可以自由打滚。

飞行游艺馆不只是练习飞行的场所，还是锻炼身体的好地方。由于飞行中要做各种动作，而且充分利用肌肉的力量，所以对肌肉萎缩的人特别有利。

这个飞行游艺馆自 1983 年 12 月开放以来，吸引了许多人。其中，不仅有年轻人，而且还有刚学会走路的小孩、残疾人，甚至还有年近 90 岁高龄的老人。

76 死亡的呼喊

1959 年，美国用高速飞机做了一个奇怪的实验。在实验前，曾公开征求接受试验的人。实验的内容是，让飞机以高速度从人的头上飞过，看看人有什么反应。

内容就是这么简单，一般人也想不到这个实验对人会有什么大危险。因此，有 10 个人毅然报名接受试验。

实验那天，一架飞机以超音速的速度，从 10 个人的头顶上飞过。想不到 10 个人全部丧了命。到底是什么东西"杀"死了他们呢？原来是飞机高速飞行时发出的噪声！

噪声是一种强度极大的空气振动，有人把噪声比作"死亡的呼喊"，从这个实验看，这个比喻并不过分。

1962 年，日本藤泽市市民也尝到了飞机噪声的厉害。那年的一天，3 架美国军用飞机以超音速在低空掠过藤泽市。飞机的噪声竟把市内许多民房玻璃震得粉碎，有的商店货架也被震塌，仿佛受到了地震一般，市民怨声载道。

飞机为什么会产生噪声呢？是高速飞行造成的。飞机以高速度在空中飞行时，会振动空气，产生声波。速度越大，振动越厉害，声波频率越高，声音就越大。大到一定程度，就成了噪声。

飞机在向高速度发展时，曾遇到许多难关。速度达到音速时，碰到了第一关。这一关是"声障"，声障会震得使飞机本身和飞行员受不了；当速度达到两倍音速以上时，会遇到第二关。第二关是"热障"，它会热得使飞机本身和飞行员受不了。这两关对飞机以外的环境和人员并没

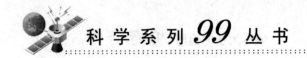

有多大的损害。而速度再高时，就将面临第三关——"噪声"关了。这一关不仅对飞机本身及飞行员有损害，而且影响地面的环境和人员。

由于民航机是在大城市附近起落，甚至在大城市上空飞过，所以高速民航机的噪声对地面影响特别大。高速民航机是现代文明的产物，而噪声却又成了现代文明的公害。

为了早点到达目的地，民航机的速度发展得越来越快。1952 年，高速喷气民航机"彗星"号问世。1968 年，世界第一架超音速民航机图-144 试飞成功，1975 年投入航线。它的速度高达声速的两倍。1976 年，英国和法国合作生产了一种"协和"号超音速民航机，并投入使用，它的速度达到音速的 2.04 倍。

但是，这两种飞机的使用，遭到这些国家人民的普遍反对。原因之一就是噪声大，对环境的污染和居民的影响大，加上燃油消耗大，排出废气污染大和造价大等原因，这两种飞机在一片反对声中相继停止了生产。

可是，美国几家飞机工厂却不顾人民的反对，竟又争相设计新的超音速波音民航机，而且速度要比图-144 和"协和"号民航机还要大，估计速度可达声速的 2.7 倍。但是由于美国人民的坚决反对，最后美国国会不得不于 1971 年宣布取消这一计划。

77　"彗星"号的新生

1954 年 1 月 10 日，一架喷气式客机从意大利罗马起飞，准备飞往英国伦敦。哪知道，起飞 20 分钟后，飞机突然发生爆炸，从 9000 米高空一下子坠入到地中海中。机上 35 名乘员全部遇难。过了不到 3 个月，另一架同型号的客机，也发生类似的事故，坠毁在意大利南部的那不勒斯海中。

这两架飞机的接连失事，轰动了当时的世界，也引起了整个航空界的震动。要知道，这两架飞机就是举世闻名的"彗星"号，这是英国制造的世界上第一种喷气式大型客机。可是，第一架"彗星"号飞机飞行不到两年，实际飞行才3600多小时，第二架"彗星"号飞机实际只飞行了2700多小时，就都突然坠毁了，这种意外情况不免使人们议论纷纷。

有人说，喷气式飞机飞得太快了，人根本不宜做这样快的飞行，坠毁是大自然的报复；也有人说，喷气式飞机飞得太高了，那里有空中风洞，飞机被风洞"吞食"了；还有人说，"彗星"号客机本身的设计或制造就有问题，等等。

果真是"彗星"号不行吗？它可是英国鼎鼎有名的航空设计大师哈夫兰设计的啊！哈夫兰从17岁开始与飞机打交道，几乎积累了半个世纪的设计经验，能出错吗？于是，他决心查个水落石出。英国政府也下令彻底调查。

调查是从两方面同时进行的。一方面是对已经生产的其他"彗星"号飞机逐个进行检查；另一方面是组织人员打捞失事的"彗星"号残骸和乘员尸体，以便进行调查。

"彗星"号为什么接连失事呢

尸体检查结果发现，乘客致死的伤情都十分相似。这说明两架飞机失事的原因是相同的。检查表明，尸体头部、胸部皮肤都有擦伤，说明乘员不是在机内炸死的，而是受到某种力量，产生向上、向前的剧烈运动。还有，死者肺部有因气体膨胀而引起的裂伤，这是死前机舱内减压而引起的高空病，说明飞机坠毁前，密封的座舱有破损，舱内气体泄漏到空中了。

从飞机残骸上寻找，果然发现窗户上部有缺损的裂纹。这就证明，飞机失事是机上的一些部件损坏造成的。

部件为什么会损坏呢？哈夫兰在设计飞机部件时，考虑到飞机的受力程度，已经在强度上打了保险系数。以哈夫兰为首的一批人，对已生产的飞机每个零件、部件都逐个进行了强度试验，一直干了好几个月，都没有发现破损情况，问题没有找到。

后来，他们换了一个方法来检查。把飞机放在水槽里，然后反复对水加压，使飞机反复承受最大的强度考验。一直试到9000个小时，突然，一个机窗框上出现了裂纹。破损情况和残骸上的窗框裂纹一样。问题终于找到了，原来金属零件经过反复受力，"疲劳"了，它"崩溃"了。在20世纪50年代初，人们对"金属疲劳"现象还没有足够认识。当时国际上通用的设计规定，只要对飞机材料的强度加一倍保险量就好了。"彗星"号失事证明，这个保险系数对反复承受变化压力的机体来说是远远不够的。哈夫兰接受了教训，很快便对"彗星"号进行了改进，重新生产出了安全可靠的新型的"彗星"号喷气客机！

"彗星"号于出现事故后获得了新生！

78 "协和斯基"悄悄"死亡"

1968年12月31日，苏联第一架大型超音速民航客机升空了。这就是被称为民航机中速度为世界之首的图-144客机。它的出现，曾引起世界的轰动，因为传说英法早就在合作生产这种飞机，可是竟让苏联抢先上天了。当时的图-144确曾风光一时。

但是，好景不长。1973年6月4日，这架飞机到法国巴黎参加国际航空博览会，在飞行表演时，因机翼突然脱落和机头折断而坠毁，机上人员全部死亡。

尽管苏联当局认为这次失事是一件偶然事故，这种飞机还继续在航线上飞了近5年，但到1978年5月23日，苏联终于宣布，这种飞机停止载客飞行。

是飞机失事造成停飞吗？原因恐怕不这么简单，否则为什么还要等5年后才停飞呢！这个谜后来才被这种飞机的副总设计师尤里·波波夫解开。

原来图-144的诞生实际是一个由政治因素促成的"早产儿"。早在1963年，英法两国就宣布要联合研制超音速的"协和"号客机。当时苏联当权的赫鲁晓夫命令苏联航空工业部，要赶在"协和"号前，生产出苏联的超音速客机，以证明社会主义压倒资本主义。

但是，有人告诉赫鲁晓夫，这种飞机耗油量太大，得不偿失。赫鲁晓夫回答说，这算不了什么，我们的汽油多得很。

就这样，苏联航空部的专家们，参考公开的"协和"号资料，设计出了图-144，并且比英法合制的"协和"号早两个月飞上了天。

图-144 终于停止载客飞行

　　"协和"号出世后，专家们一看，就发现图-144 在总体设计布局上，实际上是仿照"协和"号的，因此，给图-144 起了一个讽刺性的外号——"协和斯基"。

　　知道底细的人明白，图-144 尽管能载客飞行，但它在发动机和无线电设备上，都比"协和"号落后。可是，这些情况外界的人们都蒙在鼓里。直到 20 世纪 70 年代末期，苏联国家和民航部领导换了人，才发现了问题，并且对这种飞机采取否定态度。

　　但是争论还在进行。有人说，图-144 在巴黎表演失事不是飞机本身的问题，而是因为那天有一架法国"幻影"侦察机在图-144 上空拍摄，使飞行员操作受到影响，引起错误操作造成负荷太大而失事。

　　但是，反对者后来又找到一个"口实"，这种飞机在 1978 年的一次飞行中，曾因为燃料系统中有一个部件受到磨损而失事。从此，这种飞机不再载客了。

有人问，图-144 的缺点是否可以挽救？因为设计者图波列夫已经去世，其他人对此不关心，所以它终于悄悄地"死亡"了。

据说，目前还有几架图-144 在飞，不过已改作它用。有的在载货，有的作为实验机和练习机。其余的几架都放在博物馆里，供人们参观。

图-144 作为一种"政治产品"已经成为历史了，但是，有人认为这种飞机作为一种新型飞机的构想，还是有参考价值的。有人估计，经过改进，新一代的超音速客机将会克服现有的缺点，出现在航线上，那时图-144 的悲剧将不会重演。

79 "鸡蛋碰坏了石头"

人人常常用"鸡蛋碰石头"这句话来比喻自不量力的行为。你可知道，比石头还要坚硬的飞机，在高速飞行时，却真的十分害怕小小的飞鸟与它相撞哩！

1968 年 7 月 6 日，在苏联敖德萨机场，一架伊尔-18 客机正以每小时 210 千米的速度在跑道上滑跑，正好与一群刚离地的乌鸦、白嘴鸦和野鸽相撞，结果把飞机发动机撞坏，不能飞行。幸亏飞机还未离地，才避免了一次机毁人亡的事故。

1980 年秋天，苏联一架图-134 客机从矿水城起飞，5 分钟后，与一群野鹅相撞，把驾驶舱的钢化玻璃和降落灯撞得粉碎，领航员被玻璃碎片打伤。而寒风又呼啸着灌入舱内，使驾驶员驾驶困难，在这严重危险的情况下，飞行员经过艰苦努力，才使飞机紧急迫降到地面。

1987 年 9 月 27 日，曾发生过一只鸟"击落"一架现代化 B-1 轰炸机的事件。这天，当 B-1 飞到美国科罗拉多州东部水库上空时，突然一道白光掠过，"嘭"的一声，一只 6.8 千克重的天鹅撞在 3 号发动机上方的机舱上，它竟像一颗炮弹似地击穿了蒙皮，打断了导线和导管，燃油顿时喷射而出并燃烧起来。飞机失控了，飞行员请求跳伞，然而没等全部飞行员跳出，B-1 已经坠地。结果 6 名机组人员有 3 名身亡。更有甚者，1962 年，美国一架"子爵"号客机，也是在高空撞上了天鹅，结果机上 17 名乘员全部丧命。

是什么原因使小小的鸟儿变得这么有力，使金属造的飞机也不堪一击呢？是速度。飞机飞得特别快，这样即使是很小的鸟与它相撞，也会产生极大的动能。据计算，一只重 900 克的鸟与时速 800 千米的飞机相撞时，产生的撞击力可达 22.5 吨。一只重 1800 克的鸟与时速 700 千米的飞机相撞，产生的撞击力比口径 30 毫米的火炮发射的炮弹威力还要厉害两倍哩！

鸟撞飞机是飞机飞行的一大危害。仅 1984 年，美国空军就发生 2000 多起这样的事件。1980～1985 年，美国空军为此损失了 4 架飞机。为了对付这种事故，各国航空部门都伤透了脑筋，想了许多办法。

第一个办法是提高飞机的抗撞击性。飞机出厂前要对某些构件进行"鸟撞"试验。按国际标准规定，重 1800 克的鸟与时速 450 千米飞机相撞，飞机的发动机和驾驶舱玻璃不应被破坏。于是，在飞机出厂前就要用真正的鸡作炮弹，来炮轰发动机和驾驶舱玻璃。经受住了"鸡炮弹"的轰击而不坏才算合格。美国一架波音 707 飞机事先经过"鸡炮弹"的考验。后来这架飞机在空中正好碰到一只大鹰，鹰把驾驶舱玻璃撞凹了，但没有损坏，避免了一次事故。

第二个办法是想法驱鸟。如在机场附近不留食物和树木等，使鸟不能栖息在这里。用声音驱鸟，发射信号弹驱鸟，甚至以鸟制鸟等。为了预防鸟接近飞机，还用雷达对鸟进行观察。前苏联有一种雷达，可以发现 5 至 15 千米之间的鸟类飞行情况，这就为防止鸟机相撞创造了条件。

不过，这些办法都不能根本解决飞机与鸟相撞的问题，"鸡蛋碰坏石头"的事件还时而在空中发生。军用飞机和民航飞机在航行中都必须时刻注意这种空中突如其来的危险物。

80　空中政变，国王历险

哈桑二世是非洲西海岸摩洛哥的国王。1972 年 7 月 28 日，他到法国进行访问。8 月 14 日，他得知国内有人策动政变，于是决定提前结束访问，于 8 月 16 日乘波音 727 专机回国。

策动政变的头目，是国防部部长乌弗基尔将军。在国王出访前，他就做了布置，准备在国王回国时，动用 F-5 战斗机干掉国王的专机。

现在，机会终于来到了，下午 3 时多，国王的专机离开西班牙的巴塞罗那机场，飞到摩洛哥的领空。4 时，飞机飞到丹尼尔上空。突然，4 架 F-5 战斗机包围了国王的座机。

F-5 的领队队长是摩洛哥空军少校库拉，他向座机喊话："命令国王座机跟随我们，降落在克尼特拉基地，接受检查！"

国王知道，克尼特拉基地是国防部部长控制的地区，就对驾驶员说："继续飞你的，飞往首都的拉巴特机场。"库拉见座机继续往前飞，便向座机前部射了一发炮弹，警告国王说："如果再拖延，就开火打掉你！"

国王拿起话筒向库拉喊道："我是你的国王，你要注意礼貌。"

库拉真火了，他开炮击中了国王座机的尾部。波音 727 是美国生产的第二代喷气客机，它的特点是 3 台发动机装在飞机的尾段。库拉的一炮击中了两台发动机，飞机开始下降了。

空中政变，国王有惊无险

国王哈桑二世明白了，这是政变的开始。但决不能跟库拉走，于是命令驾驶员继续飞往原定的目的地拉巴特机场。这时，库拉继续向座机开火，机内 1 人死亡，2 人受伤，令人不可思议的是，弹痕累累的波音727，竟摇摇晃晃地降落在拉巴特机场。

哪知道，国王刚刚钻出飞机，3 架 F-5 战斗机又赶来扫射。国王带着随从躲进了 50 米外的小森林，才幸免于难。

国王赶到王宫，立即召集各部部长、将军和保安局军官，开了紧急会议。他命令皇家军队火速进攻克尼特拉基地。一辆辆坦克开到基地，当晚 10 时，皇家军队占领了克尼特拉基地。接着，国防部部长乌弗基尔自杀身亡。一场政变终于平息下去了。

细想这场流产的空中政变是耐人寻味的。因为政变者使用的 F-5 飞机，是美国生产的战斗机，而国王乘坐的旅客飞机波音 727，也是美国生产的。

F-5 是一种轻型战斗机，是美国援外的主要机种之一。这种飞机上装有两门口径 20 毫米的 M-39 机炮，可带 600 发炮弹。它的翼下和机体下，还装有 7 个弹架，可以挂 2 枚空对空 "响尾蛇" 导弹、4 枚空对地

"小斗犬"导弹，可以携带火箭和凝固汽油弹等各种炸弹。

本来，对摧毁波音727来说，F-5的火力是足够用的。但是，由于政变者的慌乱，阴谋破产。而国王因自己当过歼击机驾驶员，临危镇静，终于转危为安，取得了胜利。

81 "活炸弹"给飞行员带来恐慌

在南美一个国际机场，一架波音747民航客机即将起飞。机上几百名乘客，刚才还为这里的炎热所折磨，现在机内的空调机已经使他们回到凉爽的世界中。地勤人员已经撤去了上下飞机的梯子。旅客们已经在梦想即将与家人团聚的快乐了。

可是，就在这时，飞行员发现了意外情况，宣布不能飞行了。是飞机上混进了劫机的坏蛋，还是飞机本身临时出了大故障？都不是，原来仅仅是在飞机上发现了几只小小的蟑螂！

蟑螂不就是人们常在厨房里看到的小昆虫吗，它最多不就是污染一点食物罢了，有什么可以让飞行员大惊小怪的呢？再说，这波音747客机可是美国最豪华的客机啊，它于1969年首次试飞，1970年投入运营。它是一种宽机身远程客机，可以载客537名，一次航行11410千米。这么大的飞机，出现几只蟑螂似乎不足以大惊小怪。

但是飞行员可不这样看，他们认为这小东西出现在你家里也许危害不大，可是在飞机上却是个危险分子！

为什么呢？让我们到飞机驾驶室去看看吧。一架现代化的飞机，那上面装着许多复杂、精巧的仪表，密如蛛网的电线布满全机。无数的油管、气管、水管像血脉一样给飞机注入生机。只要仪表或管路、线路有

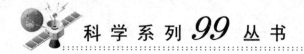

一处发生故障，就会产生不可设想的严重后果。

引起故障的原因除设备本身有问题外，外界无关的"多余物"无缘无故地进入飞机，也是一个很重要的原因。

比如，有一次，一架飞机在航线上正常地飞行着，突然，自动驾驶仪工作不灵，飞机一个劲往下掉。在紧急关头，驾驶员当机立断，关闭自动驾驶仪，改用人工驾驶，才挽回了一场事故。事后一检查，飞机掉速的原因是驾驶仪接线盒里掉进了一小块焊锡，误接了"俯冲"线路。你看，这多余的焊锡多么危险。

值得注意的是，除了死的"多余物"外，一些活的"多余物"侵入飞机，也会造成大故障。这架客机上的蟑螂就是一种活"多余物"，它比死"多余物"危害更大。它们钻进管道中，会使油路、管路堵塞，造成这些系统工作不正常。它们还会咬断线路，甚至在仪表盒里繁殖后代。要知道，现代飞机内有空调、冷气和暖气设备，它为蟑螂等昆虫提供了生儿育女的良好环境啊。更令人头痛的是，活"多余物"比死"多余物"难消灭得多。在家里，只要喷洒杀虫剂就可以杀死这些害虫，而在飞机上却不能采用这种方法，因为杀虫剂会腐蚀机上的部件，降低绝缘性能，甚至造成火灾。而且这种昆虫繁殖力特别强，到处产卵，防不胜防。所以有人把像蟑螂这样一类的昆虫称作"活炸弹"，对它极为重视。

至于那架波音747客机，最后费了九牛二虎之力，查清了情况，蟑螂是随着食物带上飞机去的，还未在飞机上安家落户，清除后，终于可以起飞了。但是，却为此付出了许多时间和精力！

在这里，我们附带讲一下波音747飞机。前面讲过，波音747是目前世界上最大的客机。最大起飞重量达322100千克，载客量可达500人。是一种远程大型客机，最大巡航速度为每小时965千米，是音速的0.92倍，接近声音的速度。最大航程为12900千米。

这种客机是1965年设计，1968年出厂，1970年投入运营。1965年8月，波音公司争取参加美国空军战略运输机CX-HLS的计划时，竞标失败。为了利用竞标中的研究成果，决心针对民航机客流量的增长要求，研制起大型客机来。在这种客机上，首次采用双层客室和宽机身方案。这种飞机投入运营后，立即受到旅客的欢迎，赞誉它为豪华、舒适的"空中旅馆"。

82　1201号航班带来的荣誉

　　1977年年底，美国飞行员麦克正与妻子、女儿在瑞士阿尔卑斯山滑雪，突然收到了机长沃德从纽约发来的电报："为表彰你使1201号客机转危为安的功绩，联邦航空局决定将著名的'贡献卓越奖'授予你。请速直飞纽约。"

　　这一喜讯的到来，使麦克不禁又回忆起他在4月17日的那次航行来。那天，他驾驶1201号航班的L-1101"三星"式客机，从加利福尼亚州的圣迭戈国际机场起飞，准备飞往洛杉矶。

　　但是，一起飞，飞机就不听使唤，它突然抬头，昂首冲天而去。麦克奇怪了，他既没有拉驾驶杆使飞机升起，又未开大油门加速，怎么这样早就抬头呢？

　　麦克使劲把住驾驶杆，将飞机稳住。副驾驶员松了一口气，他知道麦克是一个有36年飞行经验的老手，人们说他是"平安之神"，因此，刚才的不安很快就消失了。

　　飞机继续飞着。到了120米的高度，奇怪的抬头现象又产生了。高度越升越高，300米、600米、1000米、1500米……而飞行速度却在不断往下掉，时速280千米、270千米、260千米……不好，致命的失速来了。

　　高度升到 27000 米。麦克拉回了油门，机头稍稍低下，速度开始回升。麦克知道，这不是根本解决问题的办法，飞机一定出了什么故障。他叫空中小姐把情况告诉了旅客，请大家集中到机头，使重心前移，这样对机头下低有利。

　　现在要找到故障是不可能了，必须紧急着陆。麦克想，飞回圣迭戈不可能了，那里布满乌云，附近的军用机场已经关闭，当地的地形又是山脉，而且空中有不规则的紊流，也不可能就地迫降。麦克决定：直飞洛杉矶。

　　麦克看到机场快到了，为了避免意外，他决定避开闹市，转道海上进入机场，他想，如果实在控制不住，就迫降到海上。谢天谢地，麦克使劲推杆，使机头下低，高度渐渐下降，最后在机场上刹住飞机。

　　一场恶性事故避免了，旅客们都离开了飞机，可麦克还是坐在驾驶座椅上，大家知道，不弄个水落石出，他是不会离开飞机的。

　　毛病终于找出来了，是升降舵卡住了，它始终向上翘着。为什么会卡住呢？原来是升降舵里面的轴承碎了。尾翼表面的雨水和露水渗进了轴承，天长日久，轴承生锈了，在外力的作用下被挤碎了。

　　麦克找出了故障，松了一口气。剩下的事，该由航空公司来做了。L-1101"三星"式客机是由洛克希德公司生产的，是一种宽机身客机，是 1970 年出厂的现代化客机，上面装有 3 台先进的涡轮风扇发动机，最大商务载重量达 41150 千克。他的工艺也是先进的，大量采用粘接工艺代替铆接方法，提高了抗金属疲劳性能。然而，却忽略了对升降舵的转轴的保护。通过这一教训，公司重新设计了轴承，加装了密封垫，还装了排水导管。现在，L-1011 型机又精神抖擞地飞上了蓝天，而且又研究出几种新型号。

　　1201 号航班事件说明，飞机上的任何一个小小的零件都至关重要，一个轴承，就有可能酿成大祸，这是个不容忽视的问题。

83 哭笑不得的"金利滑翔机"

　　人们把加拿大航空公司604号飞机,戏称为"金利滑翔机"。这架飞机本是一种鼎鼎有名的美国民航客机——波音767。而金利则是一个旧日的空军基地,那里并不是客机场。那么,604号飞机为什么得了这么个诨号呢?

　　这事出在1983年7月604号飞机的一次航行上。飞机在埃德蒙顿机场加油后,飞往蒙特利尔,准备经渥太华,飞抵温哥华。

　　从蒙特利尔飞到渥太华,一路平安无事。但是从渥太华起飞后10分钟,驾驶舱传出警告信号:燃油不足,压力过低。机长皮尔逊决定,立即改飞附近的温尼伯机场,到那里只有206千米的路程,即使油不够也可飞到。

　　在飞往温尼伯机场的途中,又有几个燃油泵出了问题。皮尔逊想,一架全新的飞机决不会所有燃油泵失灵,一定是油不够了。

　　4分钟后,皮尔逊的猜想得到了证实,左发动机熄火了。接着,另一台发动机也停止了工作。飞机全部失去了动力!

　　波音767是一架重达100多吨的大型宽体客机,现在飞行高度是8000米。难道,它能像滑翔机一样平安着陆吗?机上没有了发动机的声音,取而代之的是部分乘客的哭叫声。

　　皮尔逊是个经验丰富的飞行员,他明白波音767是一种可以滑翔的飞机,但是怎样选择滑翔速度和方向很重要。要命的是仪表屏上的荧光显示也熄灭了,看不清仪表指示。幸亏,还有一个磁罗盘,可以用肉眼看出它的指向。凭经验,皮尔逊估计到,飞机可以再滑翔32千米,可是温尼伯机场却在 36 千米以外。

皮尔逊向温尼伯机场求助，机场告诉他："在前方 19 千米，有一个金利空军基地，可以降落。"皮尔逊驾驶过滑翔机，他尝试用侧滑的办法减低降落速度，以免飞机坠下。

正当他要冲下跑道时，发现了意外的情况，跑道那端摆放着车辆，还有行人。皮尔逊不可能使用反推力来使飞机减速，只好猛蹬煞车。奇迹出现了，飞机在人群前停了下来！旅客得救了，飞机也得救了！一架

刚加了油的飞机怎么就没有油了呢

消失了动力的飞机在金利机场滑翔着陆了，"金利滑翔机"的诨名从此而得。虽说得了这个诨名有点令人哭笑不得，但它其实是对 604 号机的美称，也是对驾驶员皮尔逊的褒扬。

但是，人们要问，一架刚加了油的新飞机为何会没有油呢？说来原因十分可笑，加油员太粗心，把注入油量的单位看错了。

波音 767 是加拿大航空公司第一架使用公制单位的飞机，燃油量是以千克来计算的。可是加油员习惯了英制，把千克误作了英磅。按要求，油箱上的量油尺量出的是升油数，应该乘以 0.8 化成千克油量数，可是加油员却乘以 1.77 化作磅油量数，1 英磅只相当于 0.4536 千克，这等于少加了一半的燃油。你看，一点小疏忽，竟差点酿成大祸！

84　使乘客罹难的坐垫

1983年6月2日，加拿大航空公司一架客机从美国达拉斯起飞，向加拿大的多伦多飞去，这是一架美国麦克唐纳·道格拉斯飞机公司生产的短中程客机DC-9。这架最大载客量为90人的班机上只乘有41位乘客。飞机飞行得很顺利，它飞在万米高空。天气又很好，似乎不会有麻烦。

但是，一件并不算大的事件发生了。飞机后面厕所里的一台电动机发生了故障，跳出了点点电火花。本来，这台电动机即使不工作也没有什么关系，它只不过是为了给厕所通通风而安装的。然而它的电火花却引起了麻烦，恰恰附近放着易燃的卫生纸，很快把纸点着了。而此时又没有人在厕所，所以火越烧越大。厕所内温度越来越高，最后又烧着了塑料坐垫。火从厕所门冒出来，蔓延到了飞机的后舱，一下子又把座舱里的座椅烧着了。旅客们吓得往前面跑，最后都撤到12排座椅以前，总算没有被火烧到。

驾驶员发现这一情况后，马上紧急降落。幸好附近有一个辛辛那提机场，飞机很快地在机场着陆了。飞行员们望着惊讶的旅客，心里在庆幸着，他们很快就可以离开飞机而得救了。可是万万没有想到，当飞行员打开前舱门准备请客人下机时，浓烟突然猛冲而来，23名旅客在浓烟中倒下了。把他们拖到机下，一看，他们竟全都死亡了。再仔细一看，他们并不是被烧死的。那么是怎么丧生的呢？

经过调查，他们是被毒死的。祸根就是浓烟。原来，塑料坐垫在烧着后，产生了一种毒性强烈的气体。

着火的坐垫使机舱烧起来了

这种坐垫是用聚氨酯泡沫塑料制造的，因为它质地很轻，易于大量生产，价格很低，所以一直认为是制造客机坐垫的理想材料。这种材料燃点高，一般小火，如烟头、火柴等，是点不着它的，所以在飞机上一直使用了很长时间也没出问题。

那么，这次 DC-9 客机的事件是怎么发生的呢？原来，这次舱内温度很高。聚氨酯在较高的温度下点火时，就会燃烧。而且燃烧时会产生烈焰、浓烟、毒气，并引起更高的升温。英国火焰研究所特地做了实验，发现燃烧 100 千克聚氨酯，在两分钟内，火焰可达 12 米高，温度会升到 1000℃ 以上。更严重的是，它会产生大量的一氧化碳、氰化氢及其他剧毒的气体，并且可以使周围的氧气含量急剧下降，使人毒死或憋死。

类似 DC-9 的事故，后来又发生了好多起。据统计，1964～1983 年，因这样的事故死去的旅客达 2061 人。为此，美国联邦航空局紧急下令，在所有聚氨酯坐垫上套上耐火材料，并增加其他应急设施，以避免和减少事故的发生。

85 客机内扔进特殊炸弹

1986年9月5日清晨，一架从印度孟买起飞，经巴基斯坦飞往欧洲和美国的波音747客机，降落到巴基斯坦卡拉奇国际机场。当旅客上下机以后，飞机正要再次起飞往前飞时，预想不到的情况发生了。

突然，从机场侧面开来一辆面包车，在机舱梯子下停住。车里跑出两名手持武器的"保安人员"，他们冲上飞机。这时，混在飞机旅客中的两个青年，与"保安人员"配合，大喊大叫地命令旅客举起手来，宣布劫持飞机。

这是一架号称"珍宝式"的现代化远程大客机，它于1969年由美国波音公司制造。它有4台涡轮发动机，拥有宽机身，前舱还有二楼。翼展59.64米，身长70.51米。它的航速为每小时935千米，航程为11410千米。它最大起飞重量达35万千克，可载客537名。这次航班共有乘客381人，机组人员16名。

由于飞机前舱通驾驶室，所以一位空中小姐悄悄爬上二楼，向驾驶员通报了情况。驾驶员当机立断，打开救生舱口，从舱口用绳子把自己吊出飞机。

劫机者是4名阿拉伯恐怖分子，他们要求把飞机开往塞浦路斯，但是塞浦路斯来电表示坚决拒绝飞机着陆。恐怖分子要求驾驶员上机把飞机开走，在这个要求未得到满足时，开始杀害旅客。

这时，巴基斯坦反劫机突击队得到逃出的驾驶员的报告，开始围攻飞机，一场激战开始。10分钟后，突击队攻入飞机，打死两名劫机者，另两名劫机者被活捉。但是，在这次惨案中有21人死亡，140多人

珍宝机内出现了劫机人

受伤。

这是劫机史上伤亡十分惨重的一次。它引起了国际航空界的强烈反响。人们除谴责劫机行为外，对用武力解决劫机事件持不同看法。

现在我们来看看另一起较完满解决的反劫机事例。

1977年10月3日，一架西德的客机在索马里摩加迪沙机场被歹徒劫持。在与歹徒周旋的过程中，西德派出一支特种部队火速赶往摩加迪沙。他们到达机场后，先用小技分散劫机者的注意力，然后趁机接近飞机，在众人不备的情况下，向机舱内扔了9颗特殊的炸弹。

如果你以为，这些炸弹会把劫机者和机上人员全部炸死，那就错了。原来这是一种没有弹片的炸弹，是一种噪声弹。它爆炸后产生强大的噪声波，能暂时麻痹人的听觉和中枢神经，使人昏迷。这时，特种部队的突击队员马上进入飞机，将歹徒一一捕获，而乘客在数分钟后全部苏醒，安全脱险。一场反劫机行动，没流一滴血就圆满解决了。

在当今世界上，劫机行为不断。为了对付这种犯罪行为，国际上已经签订了共同的条约，通力合作，决不宽容姑息劫机犯。但要彻底解决这一问题，恐怕还不容易。

86 图-154因何"致盲"

1988年7月11日，这是一个十分炎热的日子。在江西九江县十里铺的田野，一片宁静。突然，天空飞来一只"巨鸟"，它那隆隆的响声打破了田野的宁静。它不是鸟，而是一架飞机。它像一位不速之客，不宣而至，降落到这里的一片绿草地上。

原来，这是一架图-154民航客机，它的预定航线是由广州飞往上海。但是，在到达江西北部上空时，突然机上的导航系统失灵。

导航系统是飞机的眼睛，导航系统失灵等于飞机致盲，一架"盲目"的飞机是找不到准确的目的地的。驾驶员没有别的选择，只有尽快降落。为了寻找适当的降落地点，驾驶员在天空盘旋了一个多小时，终于发现了一块绿草坪。这时，飞机的燃料也消耗尽了，于是，驾驶员把飞机紧急降了下来。

当时，飞机上共有173名乘员，其中有11名机组人员，162名旅客，所幸的是，飞机除擦坏了部分稻田外，机体完好，人员全部安全无恙。

那么，这架飞机是一架什么样的飞机？它为什么会突然导航系统失灵呢？

图-154是前苏联图波列夫设计局设计的一种中远程客机。它装有3台涡轮风扇喷气发动机，航速每小时可达950千米。它的起降场地长度为2500米，当时供降落的绿草坪不算大，所以飞机降落时冲到了稻田里。

这架飞机上装有十分完善的导航系统。导航系统是帮助飞机认清航向的，它可以指示飞机在什么位置，以多快的速度往哪儿飞。这架飞机

哎呀，机上的导航系统失灵了

上既装有自主式导航设备，还装有他备式导航设备。自主式导航设备可以依靠飞机自身来引导航向，他备式导航设备依靠地面导航台指示方向。奇怪的是，这架飞机上的两种导航系统突然都失灵了。

根据当时飞机的情况，排除了人为因素，造成事故的原因完全来自客观。经过初步分析，这个肇事者是天空中的雷电。

据报道，飞机是在10000米高空碰到恶劣天气的。由于气象原因，飞机颠簸得厉害，飞行员为了使旅客舒服一些，就把飞机升到12000米高空。可没想到，这时导航系统和无线电设备都失灵了。

飞机在万米高空，遇到了浓积雨云。在这种云中，积累着大量的电荷，飞机在电荷中穿行，受到电击的可能性是很大的。尽管现代飞机采用全封闭的金属蒙皮作为屏蔽体，电荷可以被分散开，但是，当电荷十分大时，许多无线电设备还是会受到干扰，甚至受到损害。这次图-154民航客机上的两种导航系统突然失灵，想必是它们受到了来自空中雷电的电磁波干扰，导航系统受到损害所致，所以，飞机应该尽量不在雷电中和带电的云中飞行。

87 救命星是救生圈

乘过民航机的人都会发现，在民航飞机上，没有准备降落伞，而却安放了救生圈。有人会奇怪：降落伞不是比救生圈应用范围更广吗？它既可以降到陆地上，又可以降到水面上，为什么恰恰没有它呢？原来，在民航机上跳伞是不可能的；而在海上飞行时，如果紧急迫降，救生圈却是救命星。

1920年，英国人迪格纳开办了第一个航空救难公司。他将一架飞机的起落架制造成充气式的，就像汽车的大轮胎。当飞机迫降在水面时，充气起落架会产生巨大的浮力，把飞机浮起来。可是，这种办法只能适用于小型飞机，所以没有得到发展。

后来，航空家想到把充气装置化整为零，在飞机上装上许多小充气救生圈和救生艇，这样就给每个乘员都套上了保险圈。尽管这东西在一般情况下，人们并不理睬它，可是关键时刻却少不了它。

1941年夏夜，英国皇家空军第12轰炸机大队奉命飞越北海，去轰炸德国柏林。驾驶员是立过许多战功的泰尼·约翰中尉。此外，轰炸机上还有机长、领航员、投弹手、尾炮手等4人。北海上空一片漆黑，开始飞行倒很顺利。

但是，突然海上闪起了一道道强光，这是德国的探照灯光扫视海空。英国的轰炸机没能逃脱探照灯光，于是雷鸣般的高射炮打炮声在空中震响。一个火球在泰尼·约翰眼前一闪，接着机尾响起了爆炸声。

尾炮手向泰尼报告："尾翼被打掉了！"这一消息惊动了泰尼。他使尽全身的力气，手脚并用地去操纵飞机，企图使飞机稳下来。但是，这

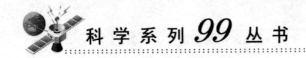

架名扬一时的"威灵顿"式轰炸机还是不听使唤，不断颤抖着向下栽去。

眼看就要全机覆没、葬身海底了。机长当机立断，下达命令："全体跳伞！"5顶降落伞随即在空中打开，慢慢向海面落去。

也许你会说："降落伞落在水面不会沉到海底去吗？"不用担心，飞行员身上穿着充气背心哩！而且随着降落伞一起，一只充气救生艇降落下来了。

充气背心和充气救生艇在落下时，自动地充满了二氧化碳气体。当5名飞行员落到水面时，他们得以在水面漂浮。尽管全身都湿透了，但背心的浮力足以支持他们，使他们能安全地爬上救生艇，而得以逃生。

平时不令人注意的充气装置，在关键时刻起了很大的作用。可是谁会想到，这种救过44万人的装置的发明历史竟是极其古老的呢！

早在几千年前，我国人民就使用了充气的羊皮筏，来渡江河。更早些，人们还直接用鱼鳔和猪膀胱来充气，作为浮力工具。后来，人们发明了橡胶和塑料，才得以制造出现代的充气救生装置。

有趣的是，人们还用充气"千斤顶"来提升飞机。有一次一架波音707飞机在迫降时起落架折断了。于是地勤人员在飞机与地面之间塞进36个升举袋，然后在里面充气。袋充气后，升举力可达到120吨，于是飞机乖乖地被举起来了。无形的气体成了拯救飞机和飞行员的能手。

88 罐头盒试出来的飞机

"飞得高"是飞机追求的目标之一，但是有一种飞机却善于低飞。气垫飞行器就是一种这样的飞机。这种飞机的发明竟是用罐头盒试出来的。

20世纪50年代的一天，英国科学家科克雷尔找来两个大小不同的罐头盒，他将盒盖和盒底去掉，然后将大盒套在小盒外面，做成一个环形体。他把环形体放在桌上，从上方向环形口内喷气，气体从环形口下喷出。这些喷出的气体在环下产生一个气垫，竟将环形体垫了起来。

科克雷尔的实验看起来很简单，但却导致了一种新型飞行器的产生。这种飞行器现在叫做周边射流式气垫飞行器。

1959年，英国桑德斯罗公司根据科克雷尔的实验原理，制造出了世界上第一架可载人的周边射流式气垫飞行器。这种飞行器的外形像一艘船，内部装了一个环形套筒，利用风扇向环形口喷气，于是这种飞行器就可以贴近水面飞行。1959年，这种飞行器曾载人成功地渡过了英国和法国之间的多佛尔海峡。

60年代初，英国另一位科学家尼达姆对周边射流式气垫飞行器进行了改进。他在飞行器周围"穿"上一件围裙，这样喷出的气体不容易扩散出去，气体形成的气垫效果更好，这就是更先进的围裙式气垫飞行器。英国先后生产了两架世界数一数二大的围裙式气垫飞行器，它们的载重量分别为80吨和200吨。

1973年，日本生产了世界上第三大围裙式气垫飞行器MV-PP15。它长26.4米，宽13.9米，高7.9米，载重50吨，可以乘155人。日本这架飞行器虽然也是围裙式的，但是又有改进。

1965年，英国那架世界上最大的200吨级围裙式气垫飞行器在挪威和美国沿海接连发生翻船事故。检查原因，是因为头部围裙触水，导致阻力加大，船头下倾而翻了跟斗。

日本的三井接受了英国气垫飞行器失事的教训，创造了一种指形气垫围裙，这种围裙不会有触水现象，所以十分安全可靠，后来人们就把这种围裙称为"三井围裙"，它已经成为世界上最先进的一种气垫飞行器围裙。MV-PP15用的正是这种气垫围裙，所以安全性好。

1978年10月26日，正在日本访问的邓小平同志在东京登上了

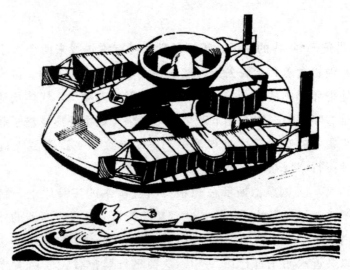

围裙式气垫飞行器可以贴近水面飞行

MV-PP15 气垫飞行器，它以每小时 75 千米的速度，在东京湾的海面上飞驶，3 刻钟后，飞到了对岸的君津钢铁厂。

目前气垫飞行器还只限于在贴近海面和地面的地区飞行，严格地说，它只能是一种气垫船或气垫飞车。不过，它毕竟是离开了水面和地面，所以说它是飞行器也是当之无愧的。

89 "人力飞行之父"麦克里迪

飞机虽然被人类发明出来了，但它是靠动力飞行的。然而千百年来，人类还有一个愿望，梦想能像鸟那样，靠自身的力量去飞行。但是，一代一代人的努力都失败了，梦想——破灭了。

1969 年，英国工业家亨利·克雷默决定拿出 5000 英镑来作奖金，奖给第一个靠人力飞行的人，规定的要求是：人力飞机必须在 3.05 米的高度，在 800 米距离的两点间飞一个"8"字形。

这项奖金公布后，许多人都试图去争得它。可是过了 4 年，仍没有人得到它。1973 年，奖金增到 50000 英镑。又过去 3 年，这时美国的

造出人力飞机者奖金 50000 英镑

麦克里迪出来应战了。

有一天，麦克里迪和太太以及 3 个儿子出外度假。在途中，他看到一只秃鹰在天空盘旋，于是想到了人力飞行奖。此时，他替人担保的一笔 10 万美元的债务快要到期了，为了替人偿还债务，他决心造出一个符合要求的人力飞机，以便用奖金还债。

于是，他和孩子们一起，记录秃鹰和其他鸟儿的飞行速度和盘旋半径。接着，将各种飞行器的重量、翼展、动力和鸟类一一进行比较。他想到，如果造出一架悬挂式脚踏飞机，翼展要大到 27 米，动力要不足半匹马力，这样一个强健的运动员就可以把它飞起来。

几星期后，麦克里迪就着手造起这种飞机来，为了减轻重量，他用铝管和钢琴弦来做构架，机翼表面蒙上一层又轻又薄的透明塑料膜，像蝉的翅膀。于是，他就把这架人力飞机叫做"蝉翼秃鹰"号。

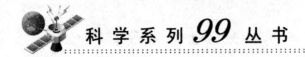
　　1977 年 8 月 23 日，"蝉翼秃鹰"号准备在加州贝克斯费尔特市的一个小机场试飞。为了增加成功的可能性，麦克里迪请了一位大力士布莱思·艾伦来驾驶它。在数十名观众的鼓励声中，艾伦像踏脚踏车那样使劲踏动踏板，飞机离地起飞了，而且飞过了 3.05 米的横竿。接着，它又沿着起点和终点的竿子，飞了一个标准的"8"字，成功了！

　　麦克里迪获得了人力飞行克雷默奖，但他没有沉浸在胜利的喜悦中，熟悉他的人都知道，他是一个奋不顾身的人，人称"拼命三郎"。他 8 岁时，就一个人操纵过帆船过海。14 岁时，他制作的橡皮筋动力模型飞机，创造过留空 13 分钟的纪录。大学毕业后，他曾三次夺得美国全国滑翔赛冠军。

　　在"蝉翼秃鹰"号获得第一项人力飞行奖之后不到两星期，克雷默又设立了一项新的奖励项目，奖给第一个用人力飞机飞过英吉利海峡的人，奖金为 10 万英镑。1979 年 6 月 12 日，麦克里迪又用他新造的"蝉翼信天翁"号人力飞机去夺标，驾驶者仍是艾伦，他用 2 小时 49 分钟成功地飞过了英吉利海峡。又一次成功了！麦克里迪再一次获奖。

　　1981 年 7 月 7 日，麦克里迪制造的太阳能飞机在巴黎又创造了奇迹。在 3350 米的高度飞了 4 小时，飞行距离为 262 千米。1987 年，麦克里迪又造了一辆太阳能汽车，在澳大利亚的比赛中，夺得速度冠军。

　　更有意思的是，1986 年，麦克里迪还造出了一架样子像古代翼手龙那样的扑翼飞行器，这架飞行器曾在电影中担任角色，吸引了许多观众。麦克里迪就是以这种拼命的精神，为飞行事业奋斗了 50 多年，被人尊称为"人力飞行之父"。

90 "吹笛人"空中历险

1980年9月7日，在美国阿拉斯加州的菲力普斯机场，40岁的工程师查拉普尼克驾驶一架"吹笛人"轻型飞机，带着妻子琼，飞上了天空。

查拉普尼克是一位有经验的业余飞行员，而妻子琼却从来没有开过飞机，只是在飞行的头一天，她偶尔参加了一次在紧急情况下代替驾驶任务的练习班，上了4小时的课。

真是无巧不成书，就在"吹笛人"飞上天不到10分钟的时候，查拉普尼克突然脑充血晕了过去，失去了知觉。琼坐在他身后的座位上，尖声叫喊他，并使劲地摇他，但他没有任何反应。从未驾驶过飞机的她，面临这突如其来的事件，怎么办？

她想起了昨天授课人的话："特别促请学员要记住121.5这个高频的紧急呼叫频率。"于是她用这个频率发出求救声："控制塔，这是'2387麦克'，我丈夫发生了事故，我又不会驾驶飞机。""2387麦克"是查拉普尼克驾驶的飞机的代号。

位于西南方向3千米的费尔班克斯国际机场控制塔收到呼叫后，问道："你的飞机是一架蓝色的'吹笛人'式飞机吗？"当听到她的肯定回答后，正在控制塔的约翰森迅速拿起话筒，正巧昨天的课是他讲授的。他要先问清情况后，再进行适当的指点。

幸亏在10分钟前，琼向丈夫问过有关油门的知识，他向她指示一个不大引人注意的圆头手柄，告诉她向前推就加速，往后拉就减速。她还知道了无线电开关和操纵杆的用途。现在，她都得自己来干了。

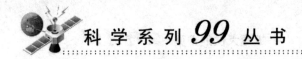

可惜的是，丈夫倒在座椅上，没法子移开他，她只好从后座探出身子，伸手去够油门，并企图拉动操纵杆。飞机在摇摇摆摆地盘旋着，速度忽快忽慢。

约翰森通过话筒告诉琼："你把操纵杆稍微往左推，使飞机掉头朝北，一直进入机场，准备降落。"这时机场又派出一架直升机飞到"吹笛人"的前面，引导琼跟着它飞。直升机驾驶员艾雷对琼的镇静态度感到惊讶。因为此时的琼不只是关心自己，而且还在关注着丈夫，她对约翰森呼叫："我丈夫需要医疗援助。"约翰森告诉她，地面上已经安排好了急救设施，请她放心。

艾雷叫琼控制发动机转速，使飞机控制高度，以便降落。可是她不会看转速表，艾雷就叫她使用油门来控制高度。

在飞机着地时，琼又不会刹车使飞机停住。这样将有撞坏跑道上进场灯的危险，于是约翰森又通知她加大油门，升高一点儿，躲开进场灯。飞机在离地三四米高时，速度控制不住，约翰森叫她："尽量把操纵杆往后扳。"这样，机尾就一直保持朝下，不至于机头碰到地面上失事。

"吹笛人"滑行到草地上面，仍向前冲，后来碰到一道壕沟，螺旋桨触地，飞机转了个身，停下了。机场安全人员赶到，发现飞机安全着陆，琼没有受伤，他们把查拉普尼克迅速送到医院。"吹笛人"虽然历经艰险，结局却很完满。

琼紧紧地拥抱着教官约翰森，兴奋地说："这真是一个奇迹。"是的，这确实是一个奇迹。但是，创造这个奇迹的不是"天意"，而是约翰森的正确指导、琼的镇定精神和机上机下的密切配合。

91　用"三明治"造飞机

　　"三明治"是一种国外十分流行的快餐食品，它实际上就是一种夹心面包。可是，怎么用夹心面包造飞机呢？原来这里有段故事。

　　1980年的一天，美国两位飞行爱好者鲁坦兄弟到一家快餐店去午餐。这些天，兄弟俩正在实行一项大胆的计划：乘轻型飞机完成世界上第一次不着陆的环球飞行。他们的目标是"一口气"飞行41834千米。为了达到这个目的，飞机必须装大量的油。为了装足够的油，就必须尽量减轻飞机本身的重量。可怎样才能把飞机的重量减到最小最小呢？他们绞尽了脑汁。

　　在餐桌上，哥哥迪克·鲁坦随手拿起一张餐纸，在上面画起飞机的草图来。画来画去，在如何减轻飞机结构重量方面卡了壳。正在这时，三明治送上来了。弟弟伯特·鲁坦看到这种夹心面包，突然来了灵感：用类似夹心面包的"夹芯结构"材料来作飞机的结构材料，不是既坚固又轻巧吗？

　　过去，飞机的构件都是实心的，这样固然很坚固，但很重。后来，材料专家发现，用同样的材料，做成空心的结构，在承受同样的强度下，比做成实心的，所用材料的重量要轻得多。再后来，专家们又发现，在两层平板材料之间，夹上蜂窝状的空心材料，在用材上更省，而且承受强度很高。早在18世纪初期，法国数学家在测量蜂窝尺寸时，就发现蜂窝是一种用料最省，而得到的容积最大的一种形状。航空材料学家运用蜂窝结构的特征，设计出了先进的"蜂窝夹芯结构"材料，并开始运用到飞机上。

在吃三明治中得到制造轻型材料的启发

鲁坦兄弟没有去买现成的"夹芯结构"材料，而是自己动手来制造。他们用坚硬的石墨纤维材料做表面板，中间夹上轻巧而坚固的蜂窝形材料。经过测试，这种材料比起实心的金属材料来，既轻便又结实。大约相当同等强度的钢材重量的 1/10，铝材重量的 1/6。

他们用大量这种材料，经 6 年多时间，终于制造成了一架外形独特的"旋行者"号轻型飞机。这架飞机有 3 个机身，1 副长长的翅膀，翼展足有 33.79 米，而重量不到 1000 千克。但是，它却可以装载 3132 千克燃油。这样，就为这架飞机环球航行创造了足够的物质条件。

1986 年 12 月 14 日，这架飞机从美国加利福尼亚州爱德华兹空军基地起飞，开始航空史上第一次途中不着陆、空中不加油的环球飞行。为了减轻重量，飞行员也是选择了瘦小精悍的人：他们是 34 岁的珍娜·耶格尔女士和 48 岁的迪克·鲁坦。他们两人在窄小的座舱里，一个坐着，一个躺着，轮换着驾驶飞机。

经过 9 个昼夜的连续航行，"旅行者"号飞机绕地球一周，于 12 月 23 日早晨，平安地返回到爱德华兹空军基地，终于实现了他们的心愿，并且创造了"一口气"飞行 40407 千米的世界纪录。

在这项纪录的创造中，"夹芯结构"材料的确立了一功。在近期生产的飞机上，采用这种结构材料的部件越来越多了。比如美国 F-111 战斗机，采用了 300 块蜂窝夹芯构件。C-5A 军用运输机，全机采用这种结构的面积达到 2300 平方米。看来，"三明治"将越来越多地用到飞机上。

92　小学生开飞机

开飞机，并不是每个大人都能干的事。可是，在美国，至少有 3 个小学生干过。

1986 年 8 月，10 岁少年克里斯·马歇尔驾驶一架轻型飞机，从美

小学生也有驾驶过飞机的

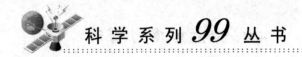

国西部的加里福尼亚，飞到东部的佛罗里达，然后又从佛罗里达折返，飞回了加里福尼亚，成为美国当时年纪最小的飞行员。

小马歇尔的行动，鼓动了美国西南部范登堡空军基地附近一少年埃里克·菲德勒。小菲德勒设法与小马歇尔取得了联系，他们互相鼓励，更促使了小菲德勒的飞行欲望。

小菲德勒的父亲在范登堡西部的空间与导弹中心工作，母亲也是军人。当他们得知儿子要开飞机时，就教育儿子："下决心开飞机是要有勇气的，但必须学好学校的功课。"于是，小菲德勒坚持在学好功课的基础上学习飞行。他每周仅用两个晚上的时间到俱乐部去学习航空技术，周末去练习飞行。由于他学习认真，9岁时就获准成为航空俱乐部的正式学员。

1987年11月8日，小菲德勒在母亲的陪同下，爬进了一架"赛斯纳9-210."轻型飞机，开始横穿美国的往返飞行。小菲德勒独立地驾驶着飞机，从美国西南部的范登堡空军基地起飞，先向北飞到华盛顿州的刘易斯垒，再从刘易斯垒一直向东南部飞，中间经过怀俄明州的杰克逊，到堪萨斯州的威奇塔过夜。第二天从威奇塔起飞，飞往密西西比州的梅里迪安，到达佛罗奥达州的迈阿密。在迈阿密休息了几天，11月13日，又从迈阿密起飞往回飞。飞行路线一直往西，经佛罗里达州的柏得里克空军基地和埃格林空军基地、路易斯安那州的施里夫波特空军基地和谢泼德空军基地、亚利桑那州的戴维斯-芒森空军基地、加利福尼亚州的棕榈泉，最后于16日返回范登堡空军基地。这次航行共飞了8045千米，创造了少年长途飞行的纪录。

在小菲德勒飞行的前4个月，美国另一少年约翰·凯文也驾飞机横穿了美国。小凯文从9岁开始学习开飞机，经过两年的训练，于1987年7月24日正式驾机飞行。这次飞行，小凯文驾驶的是一架732RP轻型飞机。他从美国西海岸的洛杉矶起飞，一直往东飞，经过圣路易斯等6座城市，最后飞到东部的华盛顿。飞行距离为4022千米，在各城市各休息一天后，于第七天到达目的地。由于他这次是沿城市飞行，所以一路上都受到英雄般的欢迎。每到一个城市，就有成批的记者赶来采访。在到达华盛顿的第二天，当时的美国总统里根，还接见了小凯文。

美国政府规定，16 岁以下的少年不能单独驾驶飞机。上面 3 个少年的飞行，都是在教练员的陪同下进行的。教练员坐在小飞行员后面，教练员面前也有一套驾驶装置，一旦出现危险或小飞行员操作有误，教练员就可以马上纠正。但是，在以上三次飞行中，教练员始终没有动过手。即使在小凯文抵达终点进入雷雨区时，飞机剧烈颠簸，小凯文也单独驶离了危险的空域。

这些小飞行员的飞行，虽然证明开飞机并不是高不可攀的事，但是美国舆论界认为，让小学生去飞行不值得提倡。尤其是 1996 年，美国一位 10 岁的女小学生企图开飞机横越北美洲时，丧失了生命，更向人们敲醒了这方面的警钟。

93　"空中国王"遇到了"空气陷阱"

1983 年 4 月 4 日，在我国广州白云机场，停着一架"空中国王-200"轻型飞机。这架飞机是法国道达尔石油公司中国分公司租用的，准备飞往香港。

上午 10 时左右，机场上空天高云淡，微风吹拂，是一个好天气，似乎预示着飞行顺利。但是天有不测风云，刚才还是天空晴朗，不一会儿就有一片乌云向机场上空压来，并且伴随着一股强风。

对于这种天气变化，人们司空见惯，不以为然。10 时 47 分，飞机照常起飞。想不到的是，4 分钟后，飞机就失去了控制，坠地失事，机上乘员全部丧生。

是什么原因导致飞机失事呢？经过调查和分析，认为是天空气象在作怪，具体原因是飞机遇到低空"风切变"，进入到下冲气流中而失事。

"风切变"是一个气象科学上的专门术语，用形象的表述可以说是飞机遇到了"空气陷阱"。而实质上，它是一种短距离内，风向、风速发生突然变化的天气现象。飞机遇到这种情况时，飞行速度会发生突然变化，这种变化会直接引起升力变化，使升力突然变小，甚至消失，最后，飞机会进入下冲气流中而拉不起来。

形象地说，"风切变"就像一把空气的魔剪，它在空中一个极窄小的空间内横、竖乱剪，一旦飞机进入它的剪切范围内，就会被它剪得晕头转向，升力不定。当顺风时，飞机速度会突然增加，使飞机剧烈颠簸，不好控制；当逆风时，飞机速度会突然变小，往下坠落。

"风切变"有三种类型：水平风切变、垂直风切变和湍流风切变。"风切变"有时发生在高空，有时发生在低空。飞机遇到任何一种风切变，都难以逃避出事的危险。

"空中国王-200"遇到的就是一种低空"风切变"。这种飞机是美国比奇公司20世纪70年代研制的轻型运输机。比奇公司是当今世界三大轻型飞机制造公司之一，"空中国王-200"型飞机是该公司的拳头产品，十分畅销。它采用涡轮螺旋桨发动机，比同类喷气式飞机耗油量要少。它采用"十"字形尾翼，可以提高航行的效能，消除航面振动。但是这样的装置在低速时，易出现失速现象。20年前，英国一架设计类似的飞机曾出过事。为此，比奇公司特地在风洞中经过500小时的试验，达到了理想的布局方案。因此，"空中国王-200"这次失事不是飞机本身的问题。

"空中国王-200"现已广泛用在私人包机、军用勤务中，想不到这次遇到了"空气陷阱"而遭殃。

"风切变"目前尚无理想的对付措施，因此只好尽量躲开它。因为目前的气象科学还不能准确地预报"风切变"，所以由"风切变"而造成的事故尚不能彻底消除。

1957 年，苏联一架图-104 飞机，因在高空遇到"风切变"而坠毁。1975 年，美国一架波音客机在纽约肯尼迪国际机场着陆时，遇到低空"风切变"，在距跑道 730 米处失事。1982 年，又一架波音客机从迈阿密起飞不到 20 秒时，因"风切变"而失速下坠，撞到树上。1985 年，又一架美国飞机在空中遇到"风切变"，掉到地面的汽车上。据美国统计，在 1973～1978 年 6 年中，仅民航喷气式班机遇到"风切变"而失事的，就达 7 次之多，死亡数百人。

目前，美国等先进国家，已经在一些航空港设置了一种多普勒雷达，来探测大气的"风切变"，这就为预报"风切变"提供了新的防范措施。我们期望在将来，人们将会准确地预测"风切变"，使飞机再也不会重蹈这次"空中国王-200"的覆辙。

94　神秘坠毁的飞机

在 1986 年一个寂静的夜晚，在美国北卡罗米纳州的上空，从南美洲飞来一架小型双引擎的飞机，这天天气很好，飞机似乎也没有什么不正常，可是它却莫明其妙地撞到了南塔哈林国家森林公园的一座山的侧面而坠毁了。

警方在现场检查，只发现飞机残骸，却没有发现驾驶员的踪迹。难道这架飞机是无人驾驶的飞机吗？不是。后来，总算在离现场 112.63 千米远的田纳西州诺克斯维尔城郊外发现了驾驶员的尸体。原来，早在飞机坠毁前，飞行员就跳了伞，似乎飞机坠毁是他故意造成的，飞行员为什么要故意弃机跳伞呢？

经过检查，飞行员死亡是因为跳伞不成功造成的，备用伞缠住了他，伞开得太迟了。奇怪的是，在尸体上还绑着一个绿色的军用行李袋。那是什么？打开来一检查，袋里装着价值 1500 万美元的可卡因。而死者的身份也已查明，他是专门从事毒品走私活动的安德鲁·卡特·桑顿。

吸毒、贩毒，是当今世界上一种国际性的犯罪行为。各国政府都十分重视毒品走私问题，检查和打击得很厉害。但是，走私活动却越来越猖狂，以致发展到用专门的飞机走私毒品。

毒品走私者当然不敢直接带毒品上飞机，因为机上和海关检查得很严，即使藏得很秘密，如吞进体内，也会查出来。因此，走私者购买专门的飞机来偷运毒品。

美国联邦政府发现这种情况后，就对可疑的飞机加紧进行跟踪，于是，走私者又变换了手法，变得更加狡猾、隐蔽了。

那名跳伞身亡的桑顿是从哥伦比亚驾机飞入美国的，它的飞机上使用了一种特殊的燃料，这样飞机就会飞得非常慢。飞得慢，就有利于他跳伞和投下毒品。从哥伦比亚到美国田纳西州，大约要飞 8 个小时，在途中，他先空投 200 磅毒品，再把飞机开到自动驾驶状态，而后将机舱门打开，让风把残留的毒品吹干净，最后自己跳伞离机，让飞机在燃料烧完后撞山坠毁。这样，坠毁的飞机上不会有毒品的痕迹，警方不会怀疑而去审查一架走私毒品的飞机。

走私者事先在毒品上装了无线电信号发射器，毒品落地后会自动发射无线电信号。飞行员落到地面后，打开无线电信号接收机，可以迅速接收到信号，根据信号找到毒品，并赶快逃走。倒霉的是，这次桑顿跳伞没有成功，所以走私活动也露了馅。

有人也许会问：将一架好端端的飞机毁掉，多可惜啊！是的，对于社会财富来说，这是一个巨大的损失，但是，对走私者来说，却也划得来。因为毒品价值远比飞机价值高。拿桑顿驾驶的那架飞机来说，价值约为 50 万美元，而他走私的那批可卡因却可卖到数千万美元。

为了对付空中毒品走私，美国海关空中管理处也安排了飞机去追击。但是，怎样有效地打击日益猖獗的空中毒品走私活动？依然是一个十分棘手的问题。

95 "直升机之父"

1939年5月14日，在美国康涅犹格州一家航空工厂的机场上，停着一架奇怪的飞行器。这架飞行器不像飞机，因为它的翅膀不在机身两侧，而是在机身的上方。用钢管焊接的机身前方，有一个座椅。机尾上还装着一个像风扇似的小螺旋桨。这到底是什么飞行器呢？

人们还没有来得及了解这个怪物，一件更奇怪的事又出现了。只见一位年已半百的老人，身着黑色衣服，头戴黑色礼帽，白色的衣领下打着漂亮的领带，迈着大步来到飞行器前。接着，他登上飞行器，稳稳地坐在座椅上。人们以为，他大概是一位官员，来视察这种他从未见过的飞行器。

人们猜错了，只见这位刚才还是文质彬彬的老人，定了定神，然后断然启动飞行器上的发动机，接着，机身上方的3片像桨叶似的翅膀转动起来，同时，机身后方的"风扇"也转动起来了。不一会儿，整个机身抬起来了，渐渐地离开了地面。啊，飞起来了，飞起来了！它笔直地飞入空中，原来这是一架能直升的飞行器——后来人们把这种飞行器称作直升机。

这就是世界上第一架实用的直升机，它首次飞行成功了。它宣告，直升机作为一种新型的飞行器已经正式问世了。驾驶这架直升机的老人叫西科尔斯基，他诞生于俄国，现在是美国飞机设计师，飞机名称为西科尔斯基VS-300型。它的3片旋翼桨叶直径为8.5米，发动机功率为

这位老人驾驶着自已设计的直升机

55千瓦。在以后不到两年的时间里，西科尔斯基又驾驶这架直升机飞行了多次，并创下了飞行时间1小时32分26秒的直升机飞行时间的世界纪录。这位老人后来被人们尊敬地称为"直升机之父"。

西科尔斯基萌发制造直升机的理想，那还是在少年时代。西科尔斯基于1889年出生在俄国的基辅。他特别喜欢看书，当时有两位作家的作品对他启发很大。一位是法国科幻小说作家儒勒·凡尔纳的作品，特别是那本《气球上的五星期》。他想，要是有一种飞行器能像气球那样直上直下地升到空中，但又不用充气该多好啊！后来他从另一位作家兼艺术家那里看到了这种飞行器的草图，那就是意大利的天才人物达·芬奇画的螺旋翼机。这幅图画的是在一个圆锥体架子上方，安装着一个很大的螺旋形推进器。作者认为，只要使螺旋形推进器转起来，整个架子就可以直升到空中，人站在架子上会随它升起，而且操纵绳索扭转螺旋面，还能改变飞行方向。

西科尔斯基带着达·芬奇的理想进了法国的工程大学。那时，莱特兄弟正好在欧洲巡回表演飞行，在法国掀起了一股"飞行热"。这股热潮也传染到了西科尔斯基身上，他马上着手制造能直升的飞行器来。

当时，世界上有不少人都抱有同样的理想，但他们造出的直升机都有一个共同的毛病：飞起来不稳定，会在空中打旋。西科尔斯基决心攻下这个难关，经过 30 多年的实践，到他年过半百之时，终于找到了解决问题的关键：在机身尾部装一个"风扇"式小螺旋桨。这样可以抵消直升机打转的力矩，使直升机平衡。从此，直升机才得以正式诞生。

人们把"直升机之父"的荣誉授予西科尔斯基，不只是因为他催生了直升机这个"新生儿"，也因为他为直升机事业奋斗了一生，而且是在已经到了父辈、祖辈的年龄，亲自成功驾驶了他亲自设计制造的"新生儿"西科尔斯基 VS-300 型直升机。

96 "美洲驼"的广告宣传

飞得高，这曾经是飞机的一个追求目标，如今这也是直升机的飞行指标。为此，美国和法国进行了一场长达几十年的竞赛。

1955 年 6 月，法国一架云雀—2 型直升机，创造了飞行 8209 米高的纪录。这是法国国营航宇工业公司生产的轻型多用途直升机。这种直升机装有一台喷气式涡轮发动机，具有一副单旋翼。

1957 年底，美国一架 YH-41 直升机打破了这项纪录。法国人不甘落后，决心夺回高度桂冠。1958 年 6 月，另一架云雀-2 终于以 10984 米的高度，再度破了纪录。然而美国也不甘心，1971 年 11 月，一架 S-64 起重用直升机又更高一筹，飞到 11000 米的高度。S-64 是美国西科尔斯基飞机公司生产的军民两用直升机，它装有两台涡轮轴发动机，为了减轻重量，机身被设计成下半截掏空，看上去像只有上半身。

法国是第一个创造直升机高度纪录的国家，它岂会甘心落在美国之下，决定再一次向更高的高度冲击。

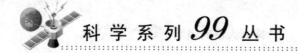
　　1972 年 1 月 28 日，法国航宇工业公司决定改装另一种直升机 SA-315。这种直升机号称"美洲驼"，它本是一种轻型多用途直升机。经过改造后，它的体重更轻了。它采用桁架式机身，身子几乎只有一个空架子。机上一些非必需的附件统统取消，其中包括蓄电池和航向仪等飞行仪表，甚至连发动机启动用的电动机也在启动后拆掉了。另外，还将旋翼转速在原有基础上，提高 6％，以便能在 12000 米以上空气稀薄的同温层正常飞行。

　　1972 年 6 月 21 日，法国著名飞行员让·布莱担任了创纪录的飞行任务。这架直升机在起飞前总重只有 950 千克，其中燃油为 70 千克。

　　起飞后 12 分钟，直升机就升到 11000 米高空，出师十分顺利。但

布莱的直升机升高纪录被认为是一种广告宣传

是再往上就是空气稀薄的同温层了，直升机飞行也是需要空气产生升力的，所以飞行马上变得困难起来。驾驶十分费劲，布莱不得不手脚并用操纵驾驶杆。更不幸的是，高空温度低，舱上玻璃几乎结满冰花，看不见外面了。此时，高度表的指示已经是12100米了，这对于布莱来说，应该满足了，已经破了纪录了。但是，糟糕的是燃油快没有了，只剩35升，必须赶快降下来，否则就有失去动力的危险。

真是好事多磨，这时发动机突然停车了。怎么办？启动用的电动机已拆下了，只能靠旋翼自转下滑返回地面了。真是万幸，布莱靠着高超的技术和良好的天气，安全地返回了地面。

更令布莱高兴的是，经过地面测高雷达的实测，SA-315实际上已飞到12442米的高度，一个新的纪录产生了。

"美洲驼"立下了汗马功劳，可是对于这个纪录，人们却议论纷纷，连布莱自己也认为它毫无意义，他说："这样的纪录是无益的，珠穆朗玛峰才8848米高，此举只能证明'美洲驼'可以征服世界上任何一座山峰。我们可以在每一个山地国家里销售这种直升机。"

难怪美国的航空商认为"美洲驼"的举动是一种广告宣传哩！

97　毒雾上空的"神鹰"

1986年4月26日，位于苏联乌克兰首府基辅北方不远的切尔诺贝利核电站，发生了一场震惊世界的事故。由于操作不当，4号机组核反应堆起火燃烧。27日，又引起化学爆炸，2000多块石墨块失去保护，熊熊燃烧，火柱高达30米，温度超过2000℃，放射性毒雾从"火山口"翻滚而出，乘着东南风势，向西北飘去。

直升机扑灭了核反应堆失事引起的大火

28 日，距事故现场 1300 千米外的瑞典首都，首先测出了毒雾里的原子辐射，从此，这场灾难被公诸于世。

为了扑灭这场大火，苏联请有关国家的专家想办法。但面对如此重大的火灾，加上严重的放射性污染，如何去救？众说纷纭。有人主张派机器人去救，但一时哪有这么多、这么合适的机器人呢！想来想去，苏联政府决定动用直升机前去灭火。

首先接受命令的是苏联米里直升机设计局的试飞员戈里斯琴柯。他驾驶米-26 直升机，带着各种灭火物质，飞到了现场上空。米-26 是当时世界上最大的重型远程运输用直升机，它有两副同轴式旋翼，起飞重量达 55 吨，最大时速可达 295 千米，航程可达 500 千米，用它来执行任务，在现有条件下是最理想的了。

戈里斯琴柯驾驶着米-26 直升机，先载着 70 多吨灭火砂、石灰石、黏土等物资，准确地投到反应堆上，堵住火口。接着又投下大量的铅砂，以吸收放射线。火势终于控制住了。后来，在起重机的帮助下，在现场周围筑起了周长达 200 多米的厚厚的防护圈，才基本控制了放射性物质向外泄漏。

　　下一步要调查反应堆里的情况，以避免新的事故发生。这个任务仍然非同小可，前苏联决定再次派直升机去完成。这项任务落到卡莫夫直升机设计局试飞员梅尔尼卡身上。梅尔尼卡驾驶着卡-32直升机，带着传感器前去完成任务。卡-32是一种单旋翼直升机，它的任务是将一根200多米长的吊索，吊到机房上方。这项任务虽然危险性比上次小，但精确度的要求比上次高。

　　1986年6月19日，梅尔尼卡驾机来到现场，小心地放下吊索，吊索下边，挂着一个直径100毫米、长18米的钢管，管端装着600千克重的温度传感器。经过反复努力，好不容易才把仪器放到了合适的裂缝中。要知道，这工作全要靠直升机从空中完成，其难度并不亚于在空中抓起地面的一根针，因为现场堆满七倒八歪的不规则残骸。

　　接着，梅尔尼卡又用卡-32直升机，把风速表和放射线强度传感器等仪器，准确地安置到预定位置。使人们通过仪器，得知灾难现场的情况。

　　在这次救难的工作中，直升机以其特有的功能立了大功。当然，同时立功的还有它的驾驶员。由于现场污染严重，驾驶员即使穿了防护服也难免不受影响。特别是先入现场的戈里斯琴柯，由于受辐射伤害严重，得了致命的白血病。虽然经多方挽救，四年以后，他终于在1990年7月2日不治逝世。当我们在回忆这场灾难的救护工作时，一定会感谢在毒雾上空飞行的"神鹰"，这种"神鹰"既指的是直升机，更是指那些舍身忘死的直升机驾驶者。

98 "蓝光"行动被"黄色魔怪"破坏

1979年11月,美国与伊朗关系恶化。4日,伊朗占领了美国驻伊朗大使馆,将使馆全体外交人员关在里面,当做人质。

9日,当时的美国总统卡特指示国家安全事务助理、副总统、国防部长和参谋长等人,制定一个武装营救计划,后来定名为"蓝光"行动计划。

这个行动方案是:先派装有突击队员的 C-130 军用运输机偷偷地飞到伊朗中部荒凉的沙漠地带着陆,在这里等候着武装直升机 RH-50。直升机从位于伊朗海岸附近的"尼米兹号"航空母舰上起飞,与 C-130 会合后,C-130 上的突击队员转移到 RH-50 上,飞经伊朗首都德黑兰郊外山区的秘密地点。这时突击队员从直升机下来,攻入大使馆,抢救被关押的人质。人质救出后,停在郊外的直升机飞到大使馆附近,将人质接上机后飞到 C-130 飞机旁,最后由 C-130 载着人质和突击队员飞离伊朗。

这是一项大胆的营救计划。1980年4月24日,卡特命令行动开始。这天下午,6架 C-130 在贝克威思上校率领下,载着90名突击队员、90名支援机组人员,从中东某个基地出发,飞到伊朗卡维尔沙漠。在那里等待直升机的到来。可是,一等再等,直升机总不见来。

什么原因?原来直升机遇到了沙暴。8架直升机中,不久就有一架旋翼出了问题,那架机上的人员就被转移到其他直升机上,7架直升机继续飞行。不久,沙暴又出现了,一片黄沙弥漫,直升机像是进到了迷魂阵中,完全得靠自动导航系统导航。这时,一架直升机的导航陀螺仪失灵了，飞行员只好掉头，向航空母舰飞去，以免迷航。这样，只有 6 架直升机来到了 C-130 运输机的所在地。这时，又有一架直升机的液压系统出了毛病，能飞的直升机只剩 5 架了。

守候在约定地点的贝克威思见此情景，心里凉了半截，按原定计划，最少要 6 架直升机才能保证全部突击队员和 53 名人质撤出，现在只有 5 架。不行，贝克威思上校当机立断，建议取消这一行动。当这一建议传到卡特总统耳朵时，他沉思了足足 7 分钟，才决定"同意"。

不幸的是，在撤回的时候，又出现了新问题。一架直升机加油时，旋翼倾斜，撞到一架 C-130 飞机上，两架飞机立即起火，8 名机上人员死亡。

其他直升机人员只好赶快逃到稍远的一架 C-130 飞机上，最后所有的人员都集中到 5 架 C-130 飞机上，飞离而去，一次大胆的"蓝光"营救人质行动计划破产了。

"蓝光"行动计划失败的主要原因出在 RH-50 直升机和气象条件上。这种直升机绰号"海马"，是一种重型喷气式直升机，是目前世界上设备最完善的直升机之一。上面装有自动导航系统，按理是不会出问题的。据分析，关键是遇到了沙暴。沙暴俗称"黑风暴"，是一种由于大风沙，而使能见度小于 1 千米的气象现象，所以又有人把它称做"黄色魔怪"。美国的"蓝光"行动，尽管计划十分周密，而且使用了最先进的飞行器，但是却遇到了未曾预料到的可怕的"黄色魔怪"，这一未曾预料到的异常的天气气象终于使营救行动彻底宣告失败。

99 特种部队诺曼底行动

第二次世界大战后期，美英军队在法国西北部英吉利海峡边的诺曼底地区登陆，对德国进行宣战。配合苏联，打败了德国法西斯。从此，诺曼底行动名扬天下。

然而，这里要讲的"特种部队诺曼底行动"不是发生在第二次世界大战之事，而是发生在1991年1月17日的伊拉克和沙特阿拉伯边境。

1990年8月2日，伊拉克军队在飞机、坦克的掩护下，在几小时内就占领了科威特首都。从此，引发了举世瞩目的海湾战争。

以美国为首的多国部队宣布向伊拉克宣战，它们制定了轰炸伊拉克首都巴格达等地的"沙漠风暴"行动。为了使轰炸机在进入伊拉克境内时不被伊军防空部队发现，必须率先破坏伊拉克的预警雷达群。

经过事先侦察，在伊拉克和沙特阿拉伯边界伊拉克一侧，有两个监视多国部队的地面预警雷达群，它们相距约111千米，距沙特阿拉伯的朱夫各约230千米，多国部队决定使用军用直升机摧毁这两个雷达群，并把这个行动比作第二次世界大战中的"诺曼底登陆"，取名为"特种部队诺曼底行动"。

行动定在1991年1月17日凌晨开始。1时整，4架AH-64A攻击直升机和2架MH-53大型直升机组成"白"队，从朱夫起飞，飞向一个预警雷达群；12分钟后，同样装备的"红"队飞向另一个预警雷达群。

AH-64A是美国休斯飞机公司生产的先进攻击直升机，最大起飞重量为8006千克，最大巡航速度为每小时293千米，实用升限为6250

直升机为海湾战争开辟了一条使"雷达黑暗"的走廊

米，最大航程为 611 千米，上面装有激光制导的"海尔法"反坦克导弹，这种武器在 1989 年美国对巴拿马的战斗中曾初露锋芒。机上不仅装有先进的导航设备，还有良好的夜间作战设备。而大型直升机 MH-53 装有跟踪雷达、利用卫星导航的全球定位系统，所以用它随着攻击机飞行，可以把 AH-64A 引导到正确的目的地。

凌晨 2 时 37 分，"红""白"两队直升机到达预定的目的地，AH-64A 打开了激光器。一声令下，"海尔法"导弹纷纷射向目标。先击中雷达站的发电站，接着攻击雷达本体，再接着，使用火箭和航炮攻击其他目标。

大约只攻击 4 分钟，伊拉克的雷达群就全部完蛋，甚至连伊军向巴格达报告都来不及。攻击完毕，两队直升机便向沙特阿拉伯边境返航。为了防止伊拉克其他部队反击，直升机以每小时 220 千米的速度，从 30 米的低空进入伊沙边境。当直升机刚刚到达边境时，多国部队的战斗机群就飞过 AH-64A 上空，一直向北方的巴格达飞去。由于伊拉克的预警雷达群刚才已经全部被直升机群击毁，于是战斗机如入无人之境，于凌晨 3 时就飞到巴格达，向巴格达的国际电话电报公司大楼投下

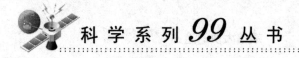

第一枚激光炸弹。海湾战争从此打响。

　　"特种部队诺曼底行动"为海湾战争的"沙漠风暴"行动打响了第一枪。它扫清了战斗机的前进道路，为战斗机开辟了一条由南向北伸向巴格达的使"雷达黑暗"的空中走廊，这一战果是由 AH-64A 和 MH-53 型直升机完成的。